战舰谜题

玩出来的逻辑思维

知识产权出版社
全国百佳图书出版单位

图书在版编目（CIP）数据

玩出来的逻辑思维．战舰谜题 / 康思谜题编著．—北京：知识产权出版社，2019.5

ISBN 978-7-5130-6101-8

Ⅰ．①玩… Ⅱ．①康… Ⅲ．①逻辑思维－思维训练－青少年读物 Ⅳ．① B80-49

中国版本图书馆 CIP 数据核字（2019）第 029644 号

内容提要

本书重点介绍战舰的基本技巧，配备了精选的练习题，便于爱好者上手，一学就会。除本书习题外，还通过“康思谜题”网站及专属 APP 为读者提供相应的习题，共约 1000 道。同时我们还提供了网站、论坛、微信和微博等多种方式让读者与作者有更好的交流。在本书的最后一章收集了有利于培养专注力和逻辑思维能力益智谜题——井格谜题。全书题目均配有答案。本书适合 8~99 岁各个年龄段的爱好者，提高逻辑思维能力，培养数学兴趣，亲子共读，成就最强大脑。

责任编辑： 李小娟　　　　**责任印制：** 刘译文

玩出来的逻辑思维　战舰谜题

WANCHULAI DE LUOJI SIWEI ZHANJIAN MITI

康思谜题　编著

出版发行： 知识产权出版社有限责任公司
电　　话： 010-82004826
社　　址： 北京市海淀区气象路 50 号院
责编电话： 010-82000860 转 8531
发行电话： 010-82000860 转 8101
印　　刷： 三河市国英印务有限公司
开　　本： 880mm×1230mm　1/32
版　　次： 2019 年 5 月第 1 版
字　　数： 144 千字
ISBN 978-7-5130-6101-8

网　　址： http://www.ipph.cn
http://www.laichushu.com
邮　　编： 100081
责编邮箱： lixiaojuan@cnipr.com
发行传真： 010-82000893
经　　销： 各大网上书店、新华书店及相关专业书店
印　　张： 3.5
印　　次： 2019 年 8 月第 2 次印刷
定　　价： 29.00 元

前言

谜题是一种好玩的益智休闲游戏，风靡世界数十载，世界各地每年都有大大小小的各类谜题比赛。例如，世界谜题锦标赛已连续举办了 29 年。常玩谜题，可以健脑益智。尤其是可以提高孩子的逻辑思维能力和数字学习能力等。上海师范大学心理系教授从几个维度分析了谜题与智商的关系，认为它和智力相关，即谜题涉及到数个重要的认知功能：如感觉、知觉、注意、记忆、思维能力、创造力……而这些都是智力重要的组成部分。经过对数学学习与智力之间关系长期的研究，发现数学学不好，在智力上其实有不同的成因。有些孩子计算能力不行，尤其是中央执行控制能力和语音能力，前者控制注意力，抵制外界干扰，后者指的是语音记忆能力密切相关。例如，将一串听到的数字倒过来复述，这些孩子就有困难。有些孩子几何学得不好，原因则是视觉空间能力上的缺陷，主要是方位记忆能力差。

谜题在这两种能力上都有涉及，而这两种能力与学业智力有高度相关性。此外，谜题还和智力中的工作记忆系统有关。谜题与智力中的逻辑思维能力关系则更加紧密。而智力的核心就是思维能力，其中包括发散思维、逻辑思维等，而推理能力是逻辑思维的体现。所以，玩谜题，可以潜移默化地训练一个人上述的几种智力因素，提高思维能力和数学学习能力。

“玩出来的逻辑思维”系列图书是由世界领先的谜题设计及发布公司——康思谜题从全世界 100 多个国家的数百万谜题爱好者的大数据中甄选出的最欢迎的 6 种谜题集结成书，分别是《岛谜题》《战舰谜题》《数独谜题（上）》《数独谜题（下）》《井格谜题》《数和谜题》和《填方块谜题》。每本书中不仅设置了不同难度的题目和答案，还针对书中的题目编写了有针对性的解题方法，爱好者更容易上手，一学就会。

康思谜题（Conceptis Ltd.）是世界上领先的逻辑谜题出版商和逻辑游戏提供商。康思谜题每年为全世界 100 多个国家数以百万的谜题爱好者创造出超过 25000 道新的逻辑谜题。每天有超过 2000 万道的康思谜题在全世界的报纸、杂志、图书、在线网络及智能手机、平板电脑上被爱好者解出。截至 2018 年年底，康思谜题已出品超过 18 款逻辑谜题，内容包含图形逻辑谜题和数字逻辑谜题，是广大谜题爱好者最喜欢也是出品电子谜题种类最多、最专业的谜题公司。康思谜题致力成长为谜题内容最优质的提供者，将逻辑谜题的快乐带给每一位喜欢脑力挑战的爱好者，将游戏的快乐融入到教育之中。

“玩出来的逻辑思维”系列图书是一套关于玩的书，在玩中培养数学兴趣，激发无限潜能，释放天性，更是一套适合亲子共读的书籍。

玩出来的逻辑思维
目录 /CONTENTS

第一章 战舰规则及解题方法介绍 /001

第二章 战舰练习题及答案 /009

　　初级练习题及答案 /010

　　中级练习题及答案 /060

　　高级练习题及答案 /075

第三章 井格练习题及答案 /091

第一章

战舰规则
及解题方法介绍

一、规则

战舰是一款探索舰队布局的游戏，其网格是大海，而海上隐藏着一个包含数艘船只的舰队。游戏的目的是通过逻辑推理将舰队的布局图还原出来。网格右侧和底端的提示数字告诉玩家对应行、列的船体段数量。这些船只能水平或者竖直排列，并且包含对角在内，船体间不能相触。有时，网格中的某些方格会被填涂为船体段或者水域，目的是提示玩家从哪里下手。图 1 和图 2 是 10×10 战舰游戏，它包含一艘战舰，两艘巡洋舰，三艘驱逐舰和四艘潜水艇。

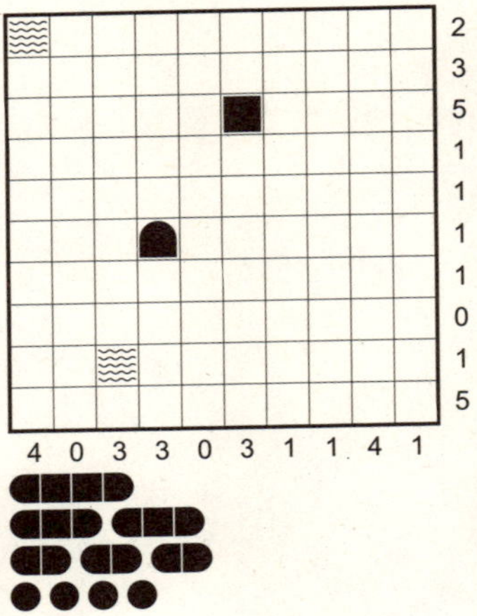

图 1 战舰题目

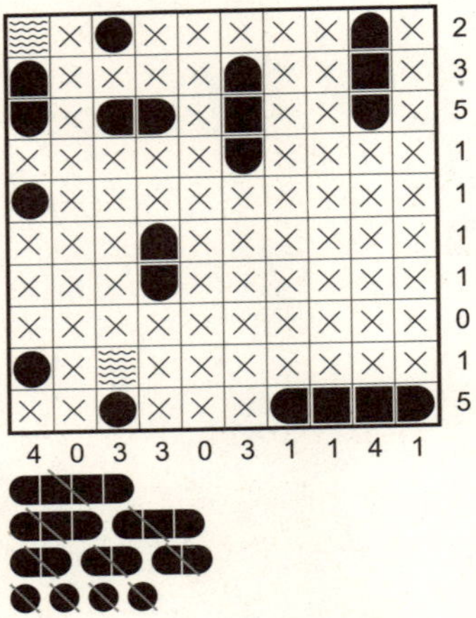

图 2 战舰答案

二、解题方法

1. 基本技巧

（1）在已知船体段周围填空格。如图 3 所示，战舰例题 1 中已经存在 3 个船体段和两个水域方格。由于潜水艇只包含一个船体段，H8 格周围的所有格都用 X 标记为水域。C4 格存在一个船体的头端，该行只能有两个船体段，因此，紧邻 C4 格的 C5 格为船尾，将这个驱逐舰周围的 10 个格都用 X 标记为水域。F10 格是一艘船只的中间部分，既可能是战舰，又可能是巡洋舰，而且它将垂直摆放。F10 格右侧紧贴网格的边缘，因此，该方格的上下两个连续的格一定是船体的一部分，根据这个推论，将其他的 3 个格用 X 标记为水域，答案如图 4 所示。

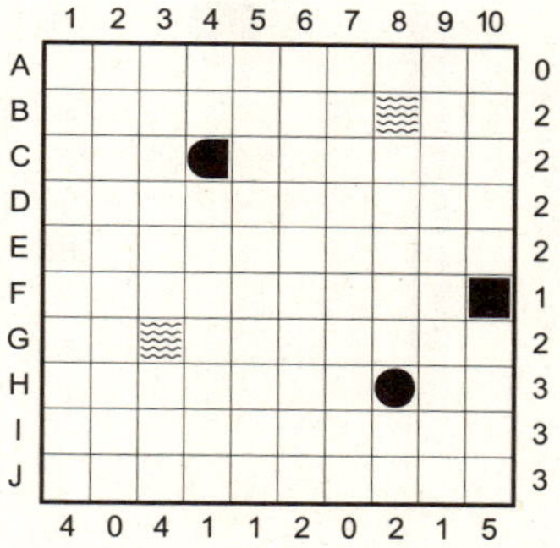

图 3 战舰例题 1

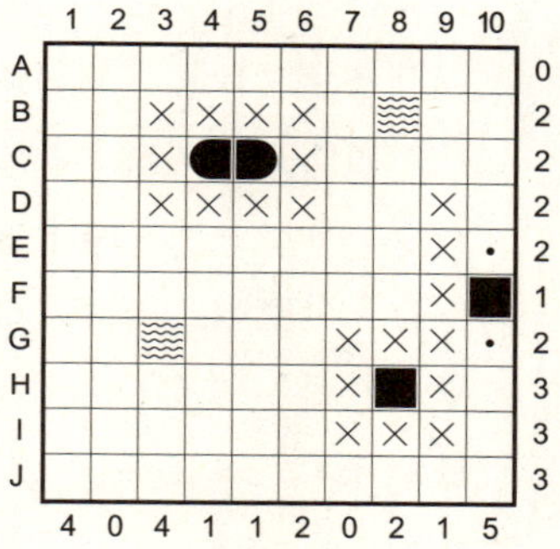

图 4 战舰例题 1 答案

（2）每一行列的其余空格为水域。当某一行、列的船体数量已经用完，该行、列的其余空格必将是水域。如图 5 所示，A 行、

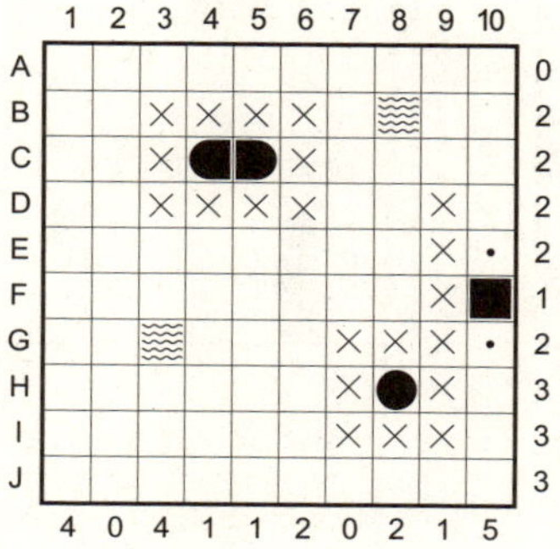

图 5 战舰例题 2

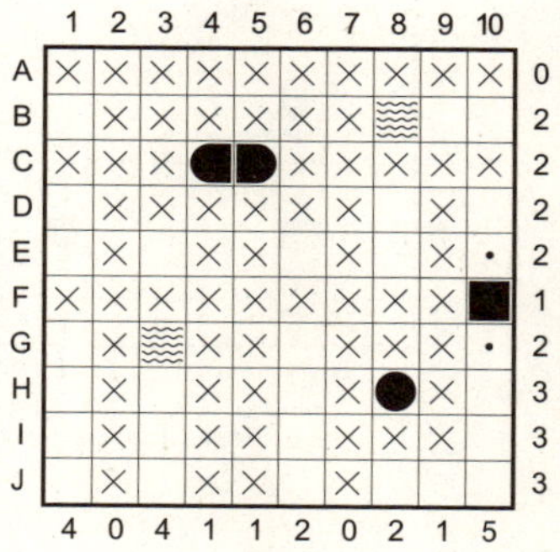

图 6 战舰例题 2 答案

2 列与 7 列的对应提示数字为 0，这也就意味着该行、列用 X 标记为水域。C 行的 C4 格和 C5 格包含了两个船体段，而该行的提示数字为 2，那么该行的其他空格可用 X 标记。F 行和 4 列与 5 列对应的提示数字为 1，而该行、列的船体段已经存在，那么其所在行、列的空格都可用 X 标记，答案如图 6 所示。

（3）每一行列的其余空格为船体。当某一行、列的船体数量还不够时，玩家可以利用这个技巧找到船体所在位置。如图 7 所示，提示数字为 4 的 3 列，由于该列仅存 4 个空格，因此，每个空格将是船体的一部分，这就意味着，E3 格存在一艘潜水艇，而 H3 格、I3 格和 J3 格是一艘巡洋舰，详见图 8 所示。将 E 行的剩余空格标记为 X，详见图 9 所示。

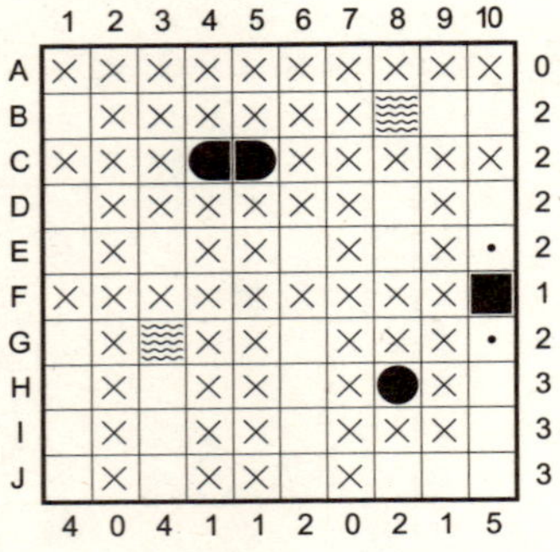

图 7 战舰例题 3

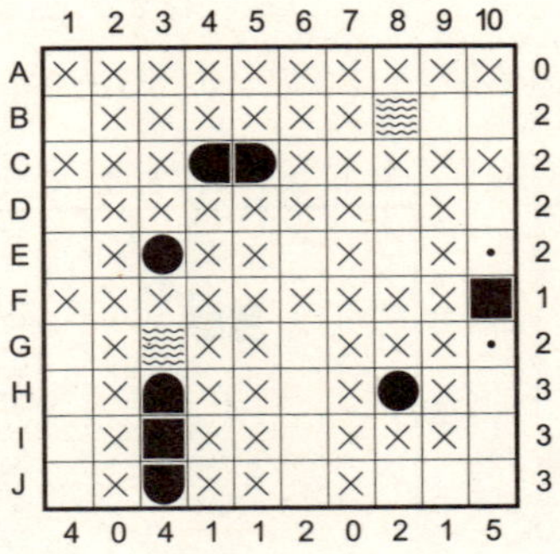

图 8 战舰例题 3 解析

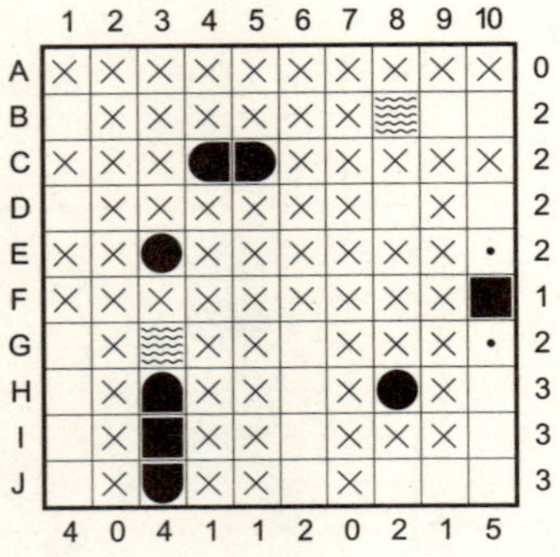

图 9 战舰例题 3 答案

二、高级技巧

（1）只剩一种船体且只有一种摆放方法。当只有一种方法填放唯一剩下的一种船体类型时，如图 10 所示，谜题中还需放置 3 艘驱逐舰，有 7 个位置可摆放这 3 艘驱逐舰，分别是 D3 格 –E3 格，D10 格 –E10 格，E9 格 –E10 格，G3 格 –H3 格，G10 格 –H10 格，J2 格 –J3 格，和 J9 格 –J10 格。通过排除法，将驱逐舰摆放在 D10 格 –E10 格和 E9 格 –E10 格是互相矛盾的，这 7 个位置只有一种方式可以同时摆放 3 艘驱逐舰，分别是 E9 格 –E10 格，G10 格 –H10 格和 J2 格 –J3 格，如图 11 所示。将潜水艇放在 D3 格，游戏结束，如图 12 所示。

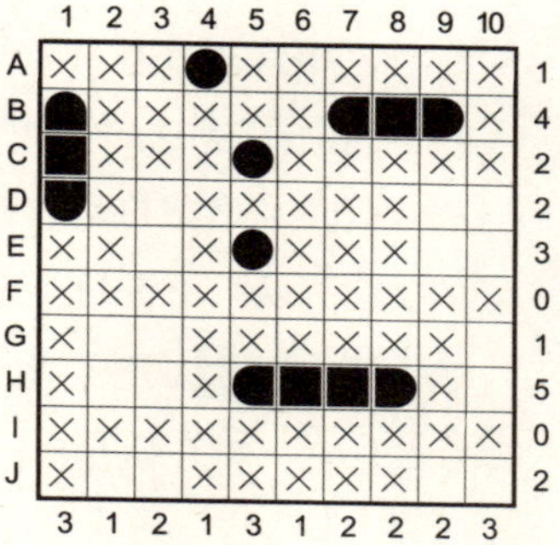

图 10 战舰例题 4

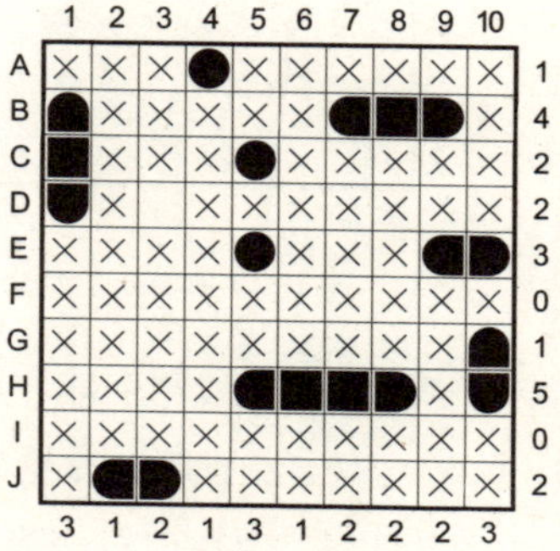

图 11 战舰例题 4 解析

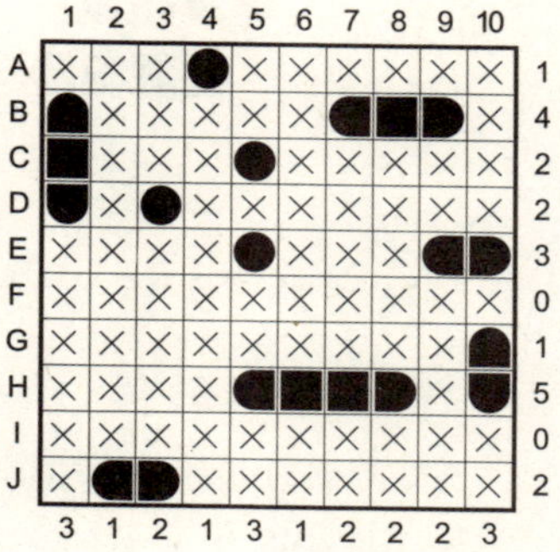

图 12 战舰例题 4 答案

（2）尝试摆放舰艇时出现的重叠区域。当我们无论如何摆放舰艇，都会有重叠区域时，如图 13 所示，4 个船体段长的战舰只能摆放在 C 行，尽管该行有 3 个可能摆放的位置，无论如何摆放，C3 格和 C4 格都将是被覆盖的重叠区域，如图 14 所示。

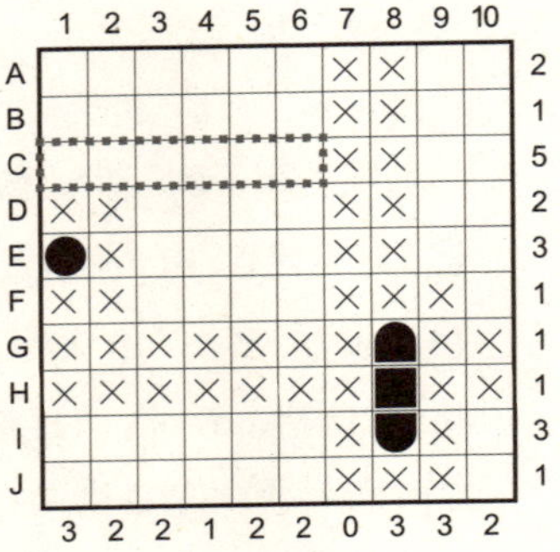

图 13 战舰例题 5

由于还不知道战舰剩余部分的摆放位置，只能将这些格用点进行临时标记，如图 15 所示。

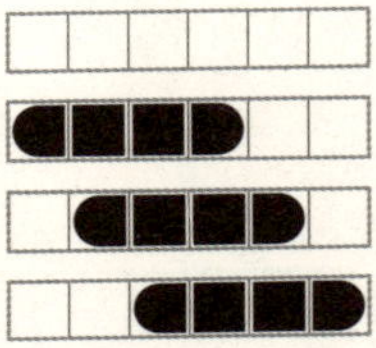

图 14 战舰例题 5 解析

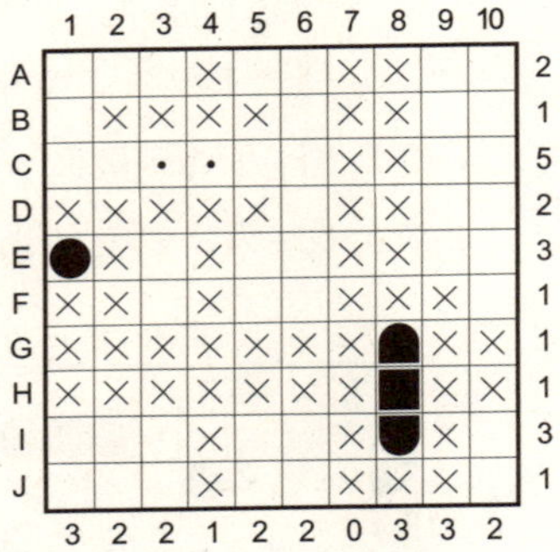

图 15 战舰例题 5 答案

（3）间接逻辑（排除法）。间接逻辑可以用来证明某一个特定格必须是船体或者水域。如图 16 所示，证明 H10 格是船体的一部分而非水域，假设 H10 格为水域，并临时标记为 X，H 行剩余的格将存在两艘巡洋舰，这样的话，将会有 3 艘巡洋舰，如图 17 所示。根据规则该谜题最多只能有两艘巡洋舰，因此，

H10 格不能是水域，只能是船体的一部分，如图 18 所示。

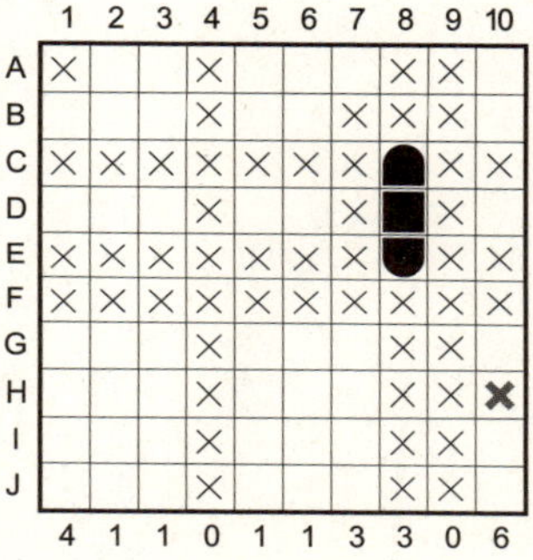

图 16 战舰例题 6

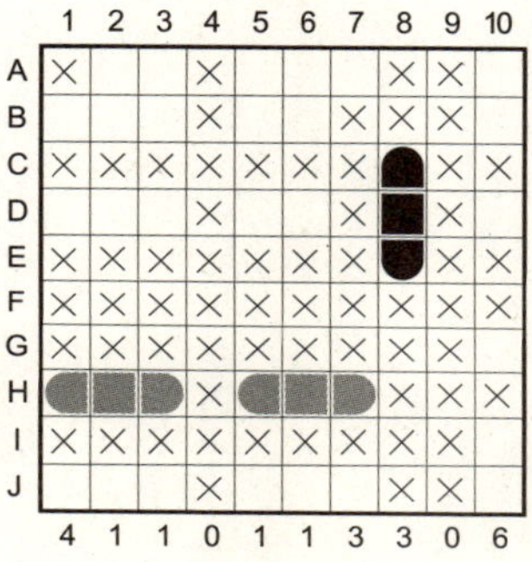

图 17 战舰例题 6 解析

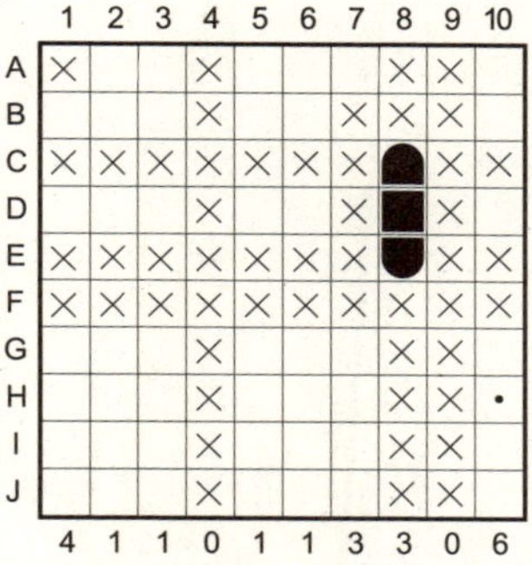

图 18 战舰例题 6 答案

第二章

战舰练习题
及答案

001

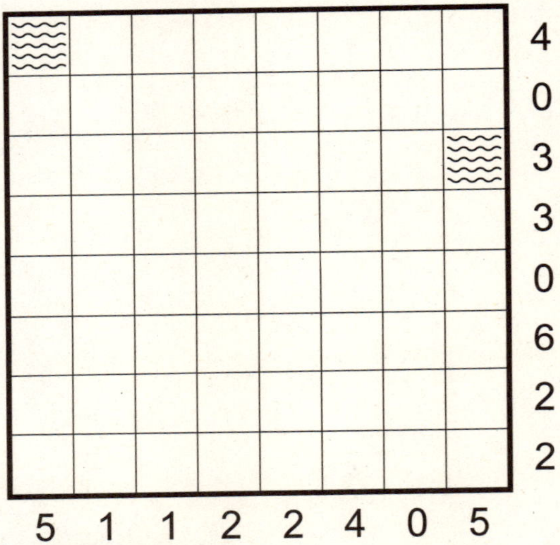

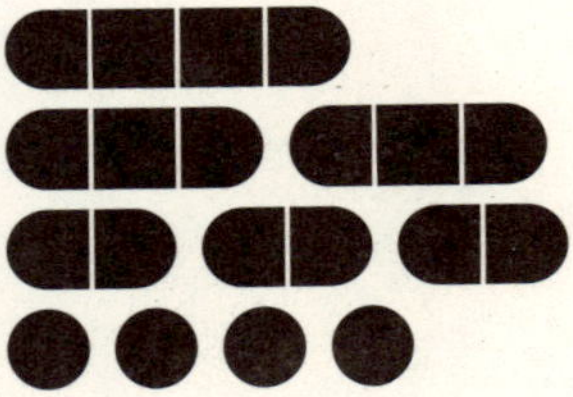

卡点小提示：

数字 0 说明对应行、列没有船体，因此，将 B 行、E 行，以及 7 列标记为 X。观察有 5 个船体的一列，因为该列目前只剩下 5 个未填涂的格，包含 C1 格 –D1 格和 F1 格 –H1 格，根据此列的船体数量，上述矩形需填为船体。根据船体的大小可知，其中一个是驱逐舰，一个是巡洋舰。

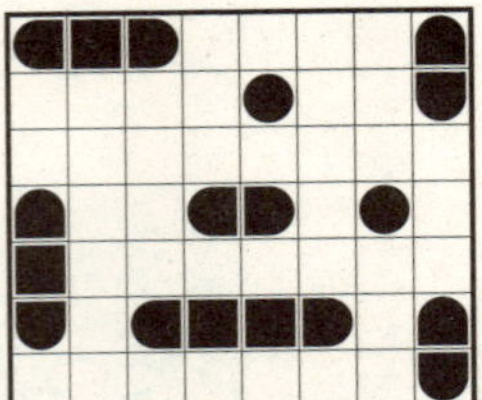

014 答案

002

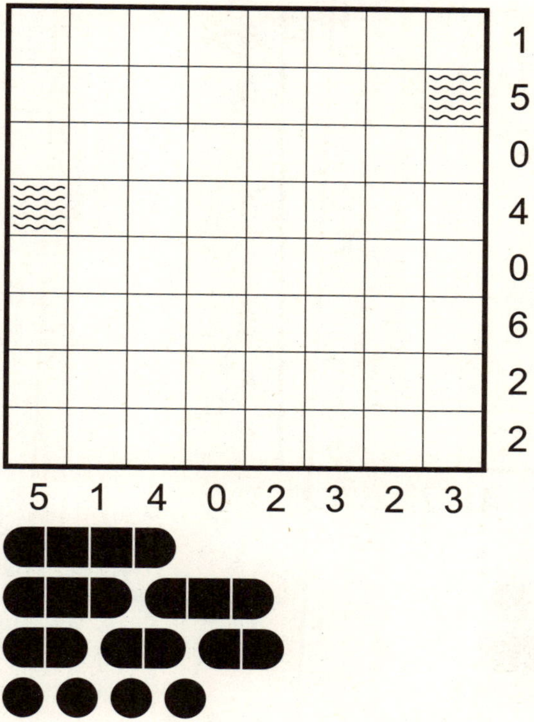
1
5
0
4
0
6
2
2
5 1 4 0 2 3 2 3

卡点小提示：

根据前一道题关于数字0的推理过程可知，我们可以解出题目中的一列。

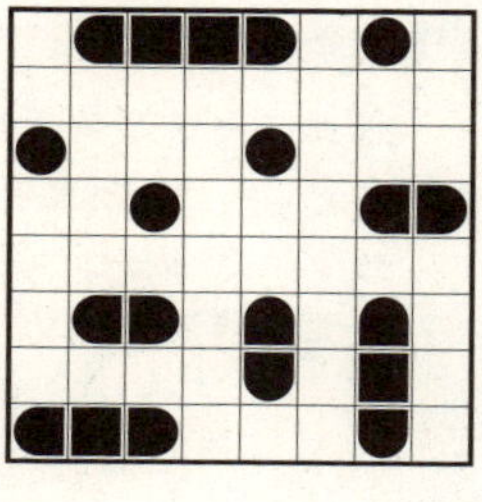

015 答案

003

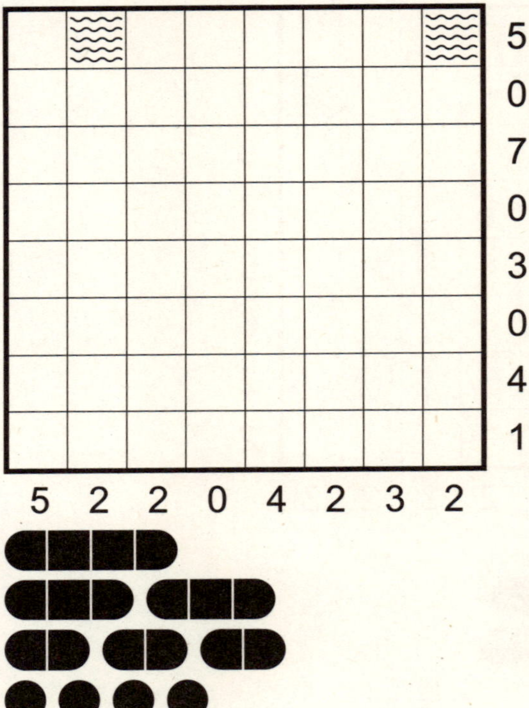

卡点小提示：

根据前一道题关于数字 0 的推理过程，观察 C 行，该行只有 7 个空格，并且船体数量为 7，因此 C1 格 –C3 格和 C5 格 –C8 格需要填涂上船体。

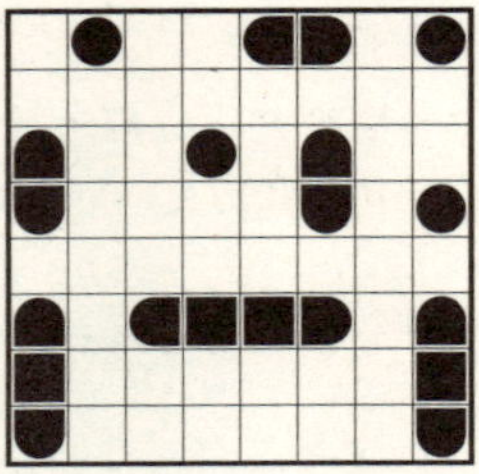

001 答案

004

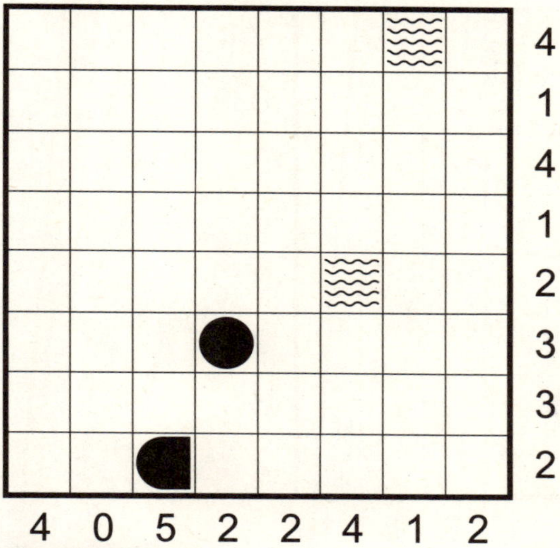

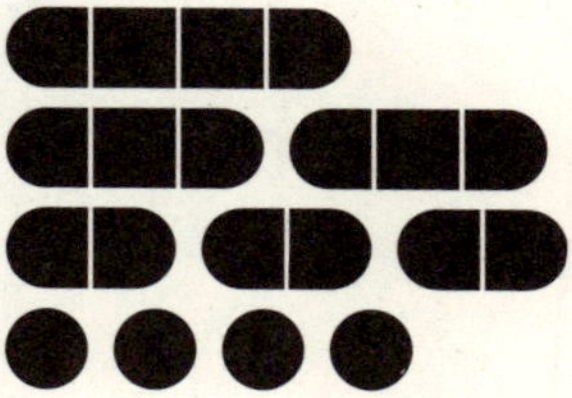

卡点小提示：

H3 格包含一个船体的一端，H4 格也包含船体的一部分，H 行的船体数量为 2，因此，该行应为一艘驱逐舰，H4 格与 H3 格组成一个驱逐舰，将驱逐舰周围的 G2 格、G3 格、G4 格、G5 格、H2 格和 H5 格用 X 标记起来。

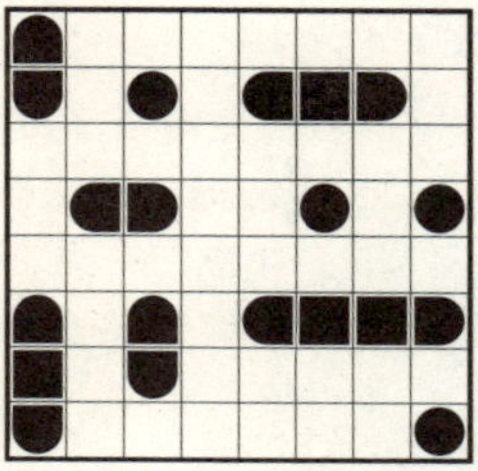

002 答案

005

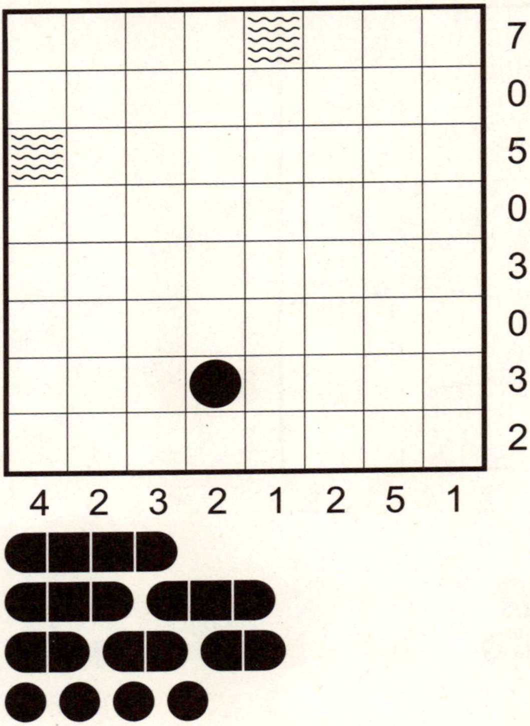
7
0
5
0
3
0
3
2
4 2 3 2 1 2 5 1

卡点小提示：

请按照之前题目的提示，将出现“0”的行、列用X标记出来，将G4格潜艇周围F3格、F4格、F5格、G3格、G5格、H3格、H4格和H5格用X标记起来后，继续观察船体数量为7的A行。

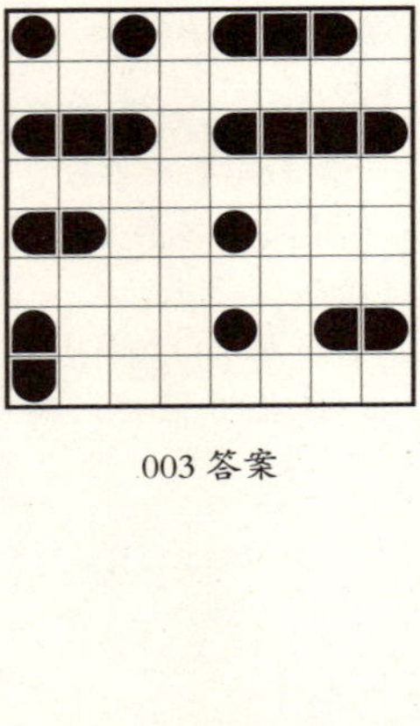

003 答案

006

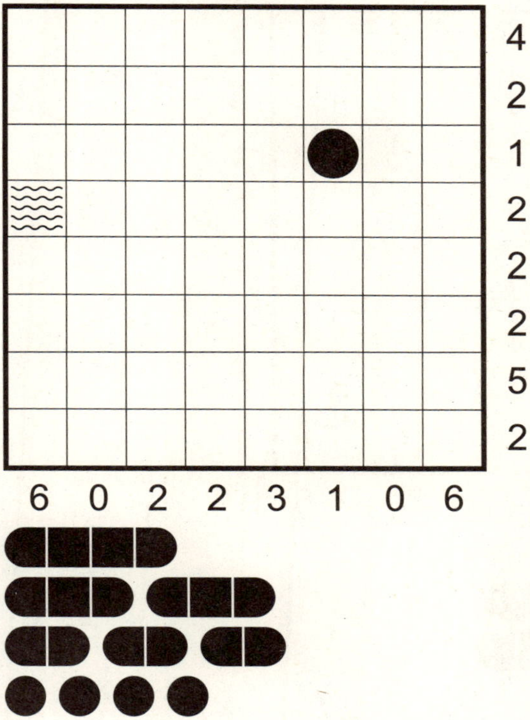

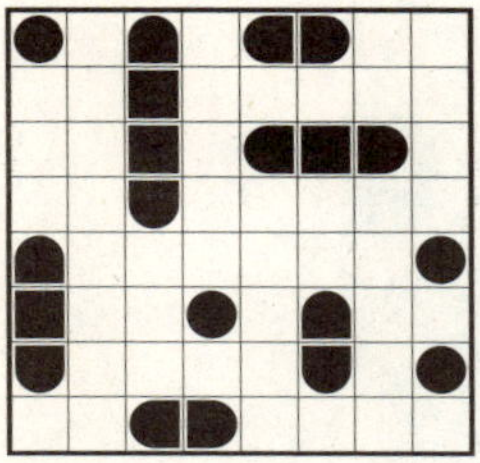

004 答案

007

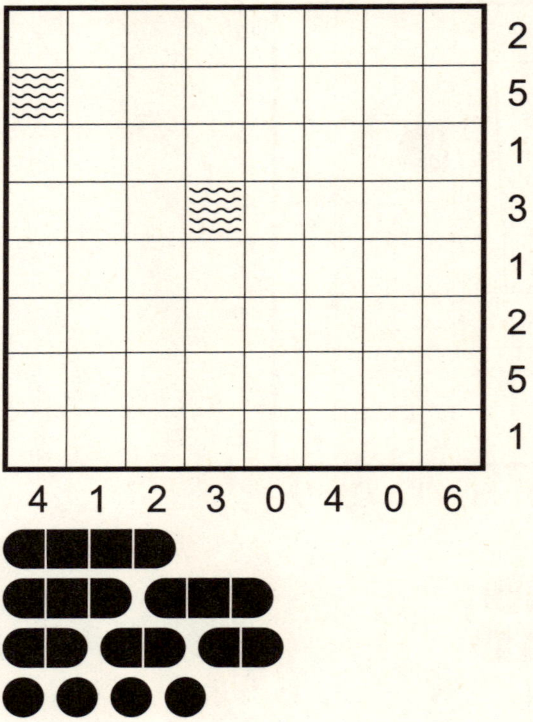
2
5
1
3
1
2
5
1
4 1 2 3 0 4 0 6

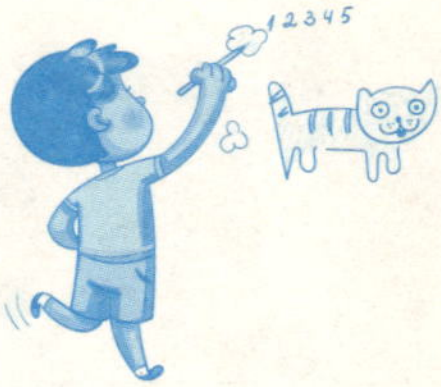

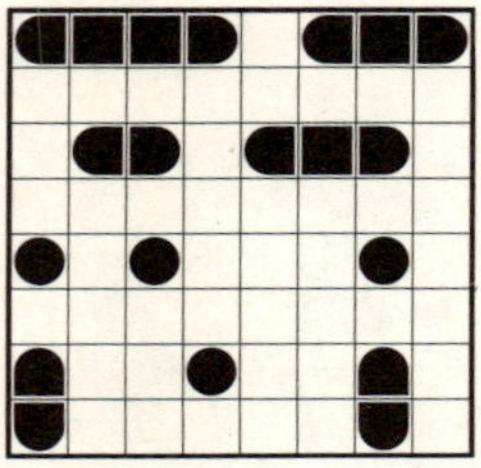

005 答案

008

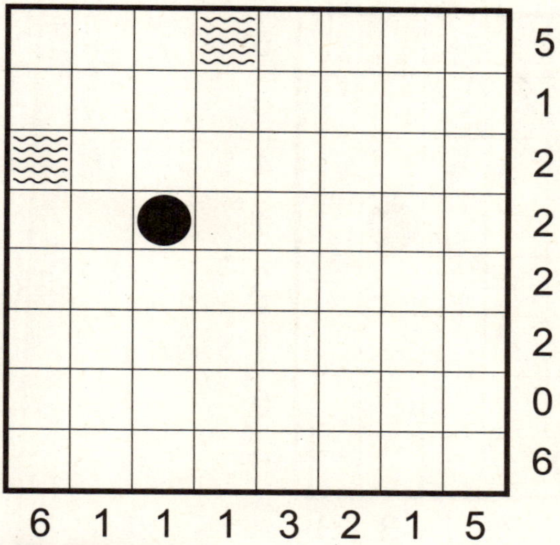
5
1
2
2
2
2
0
6
6 1 1 1 3 2 1 5

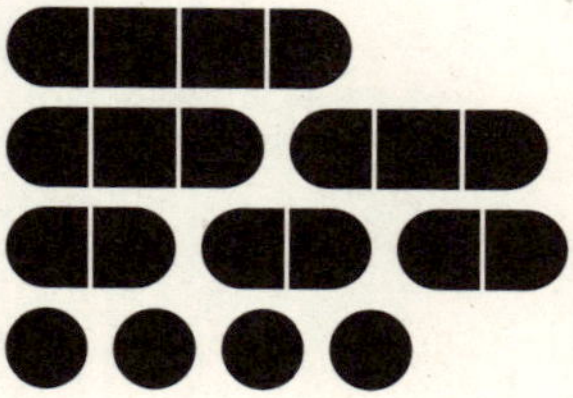

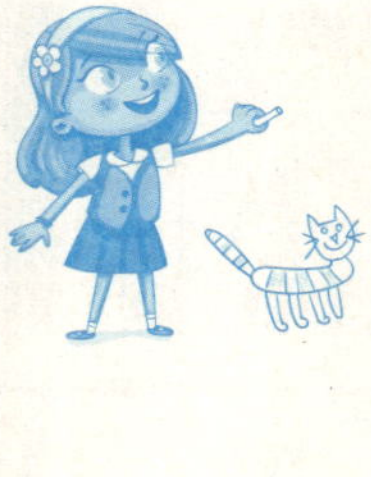

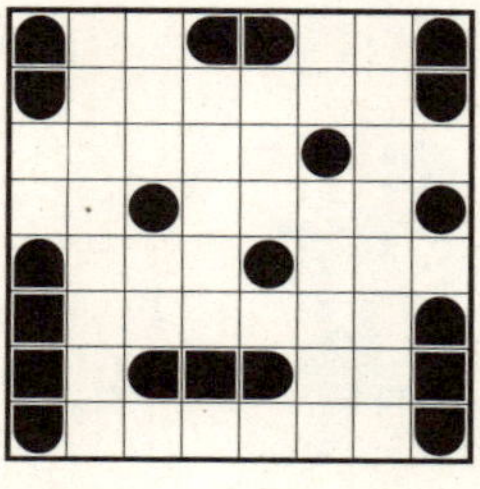

006 答案

009

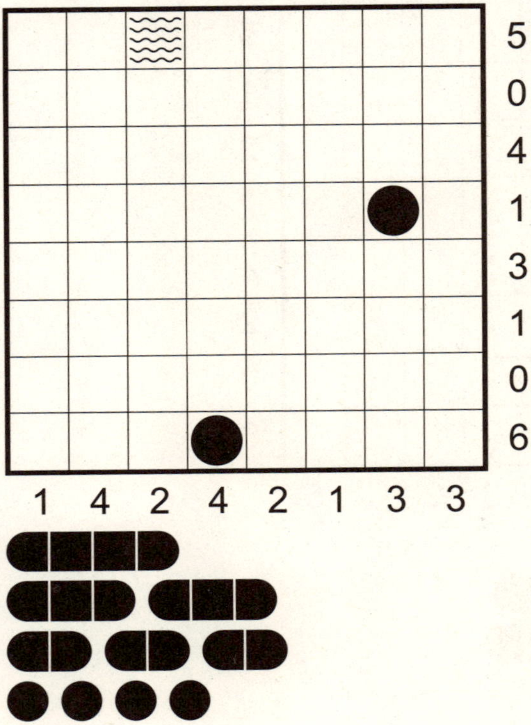

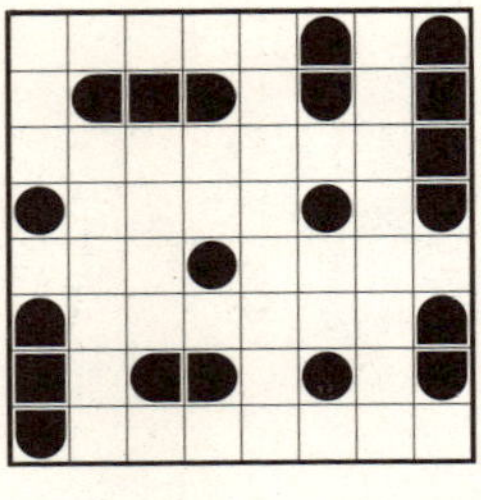

007 答案

010

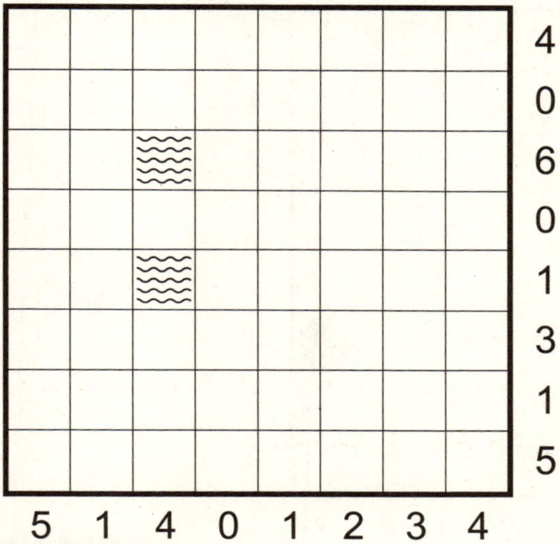

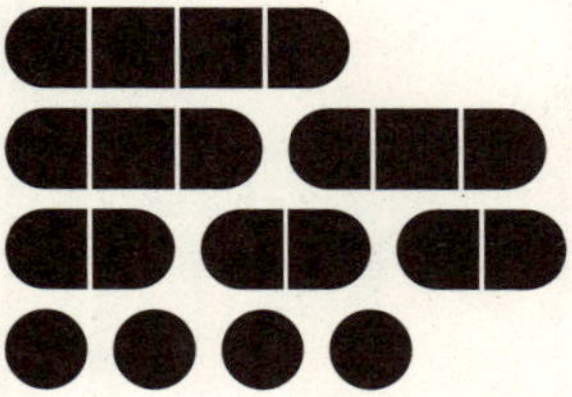

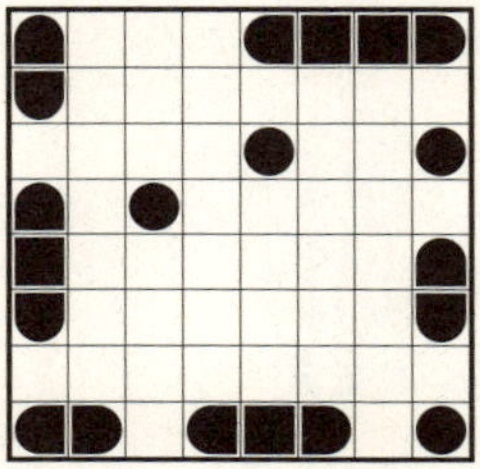

008 答案

011

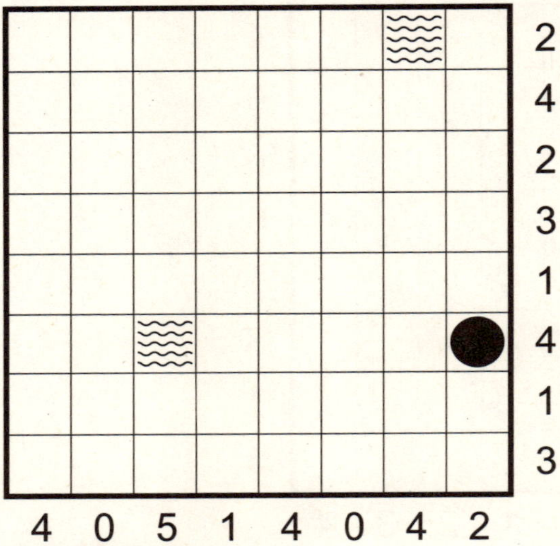
2
4
2
3
1
4
1
3
4 0 5 1 4 0 4 2

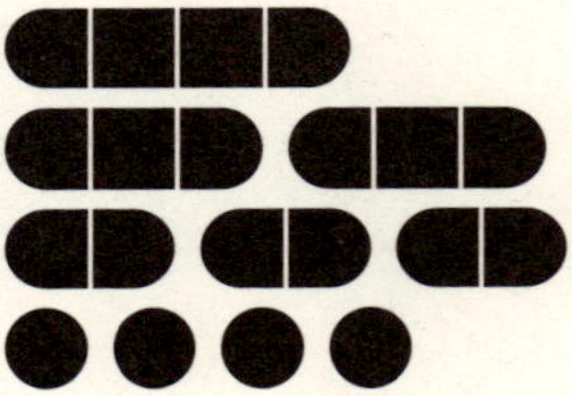

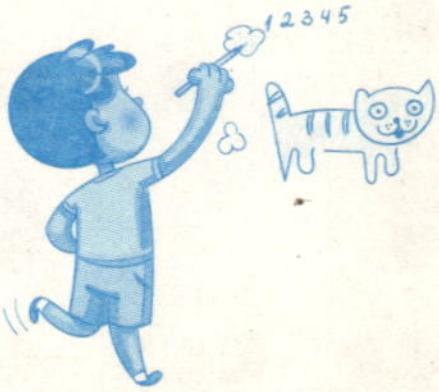
12345

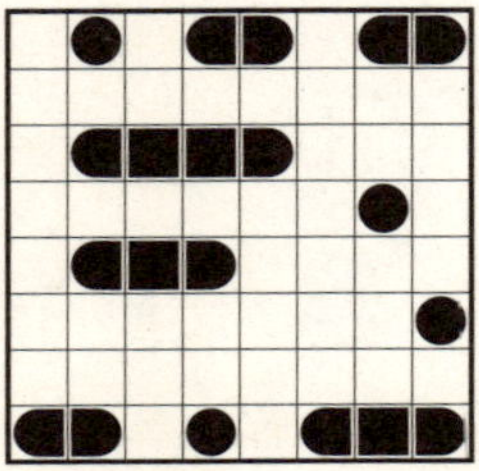

009 答案

012

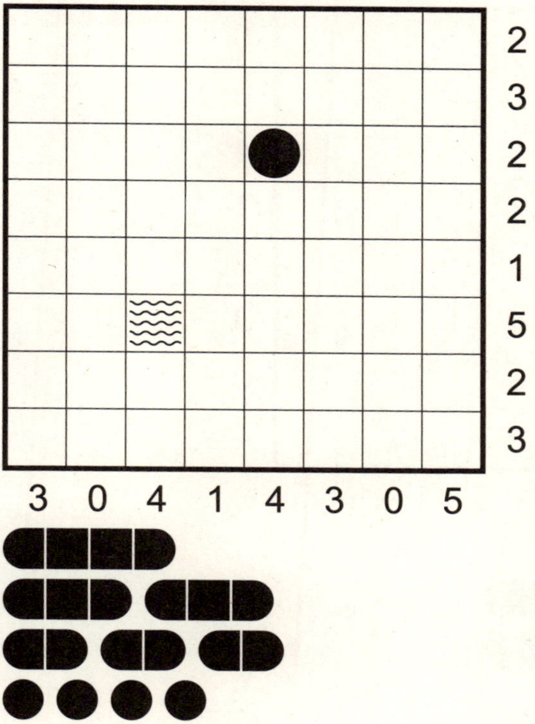
2
3
2
2
1
5
2
3
3 0 4 1 4 3 0 5

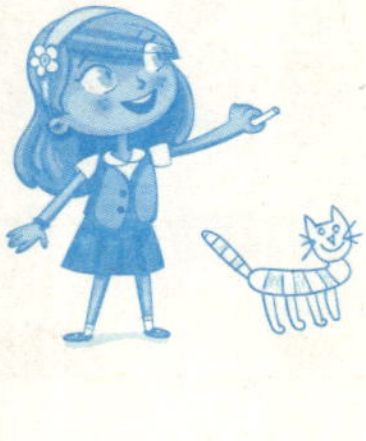

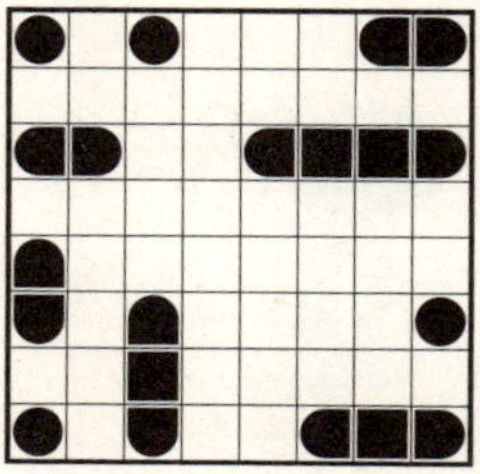

010 答案

013

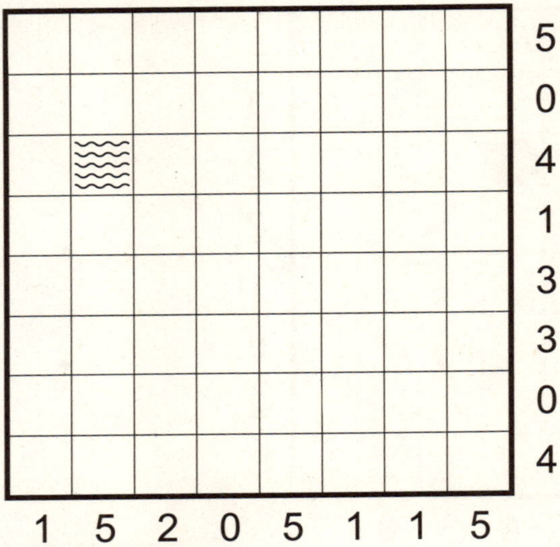
5
0
4
1
3
3
0
4
1 5 2 0 5 1 1 5

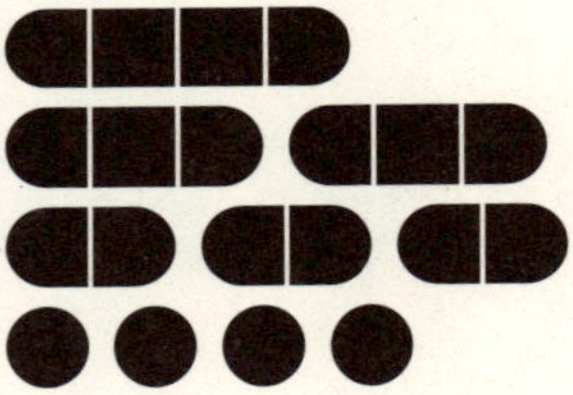

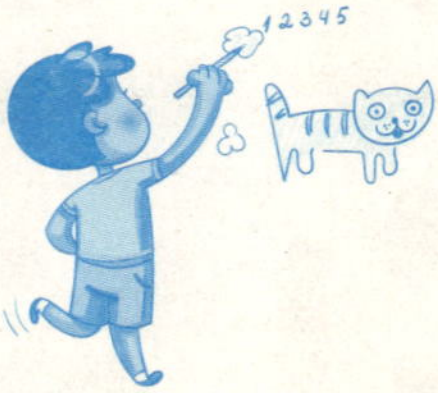
12345

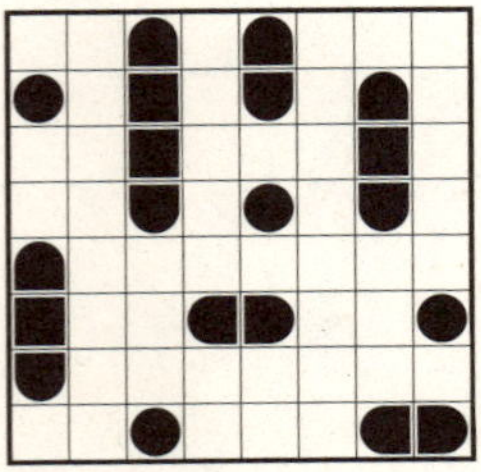

011 答案

014

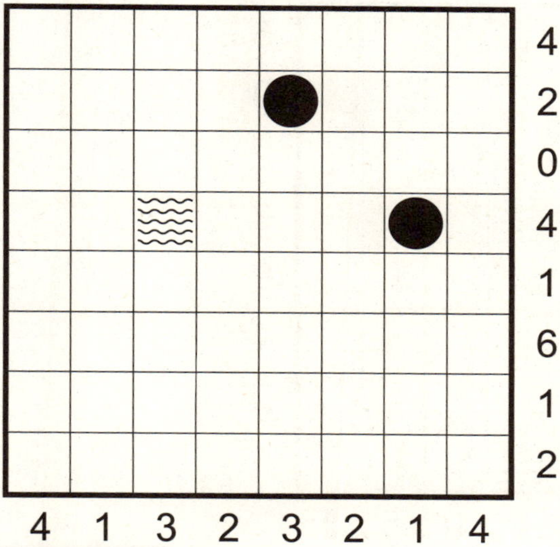

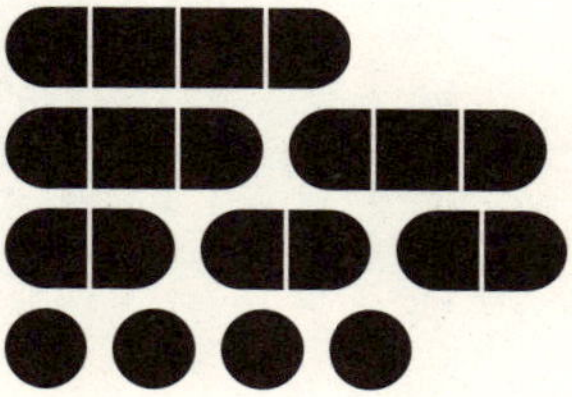

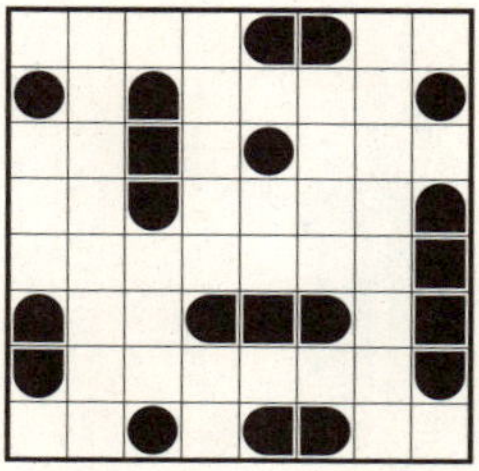

012 答案

015

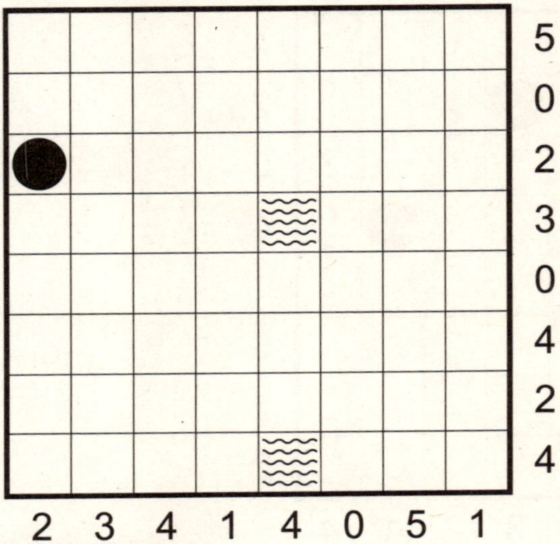

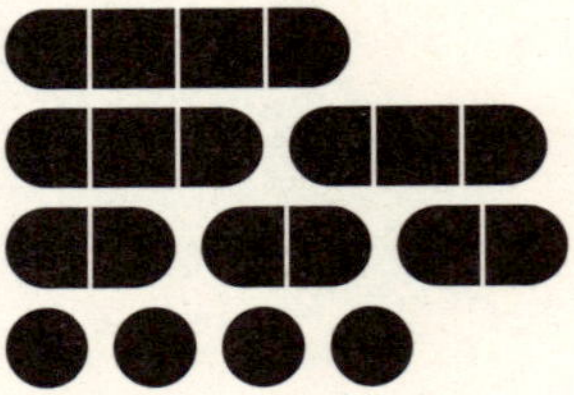

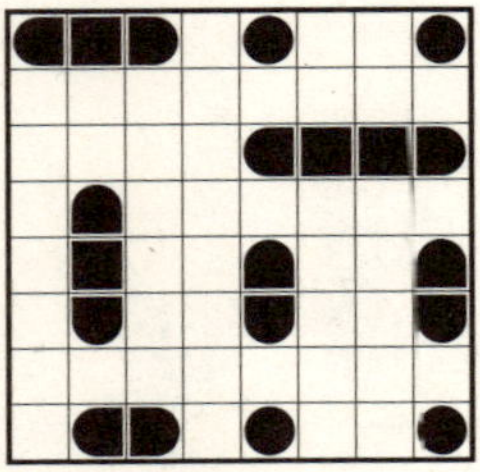

013 答案

016

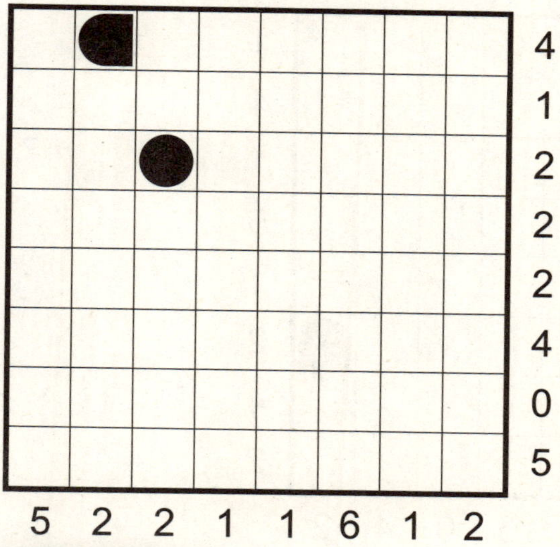

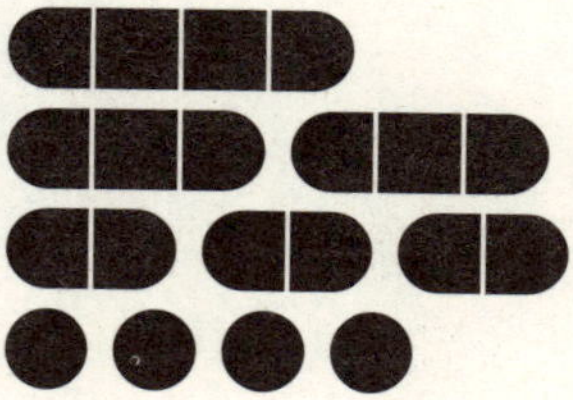

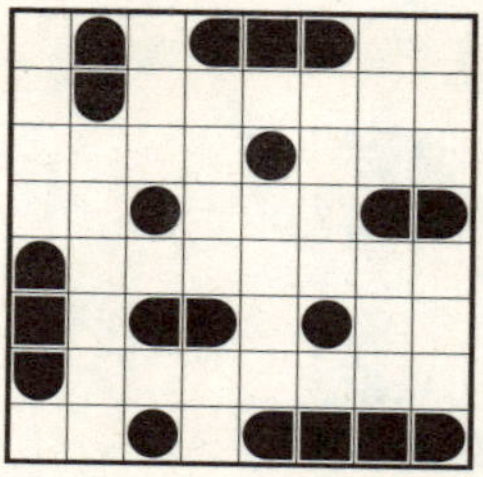

029 答案

017

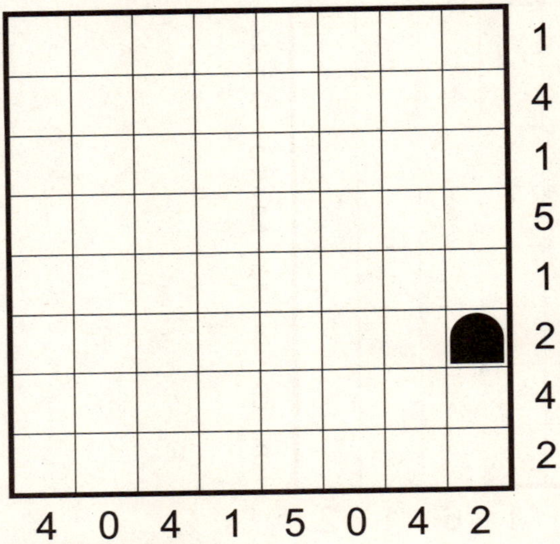

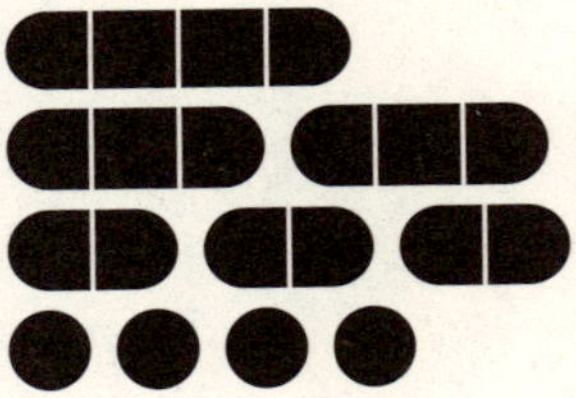

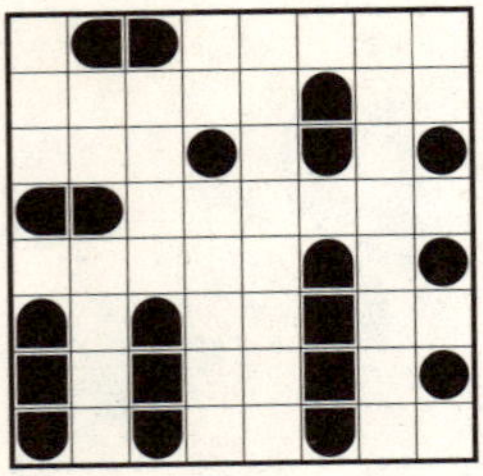

030 答案

018

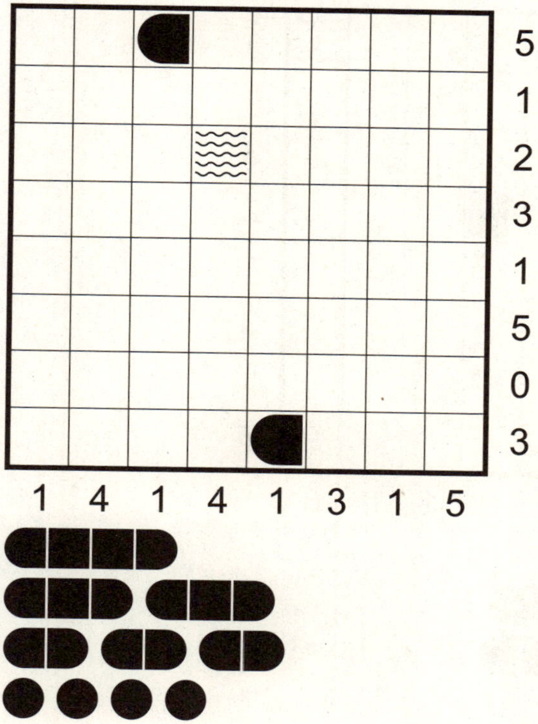
5
1
2
3
1
5
0
3
1 4 1 4 1 3 1 5

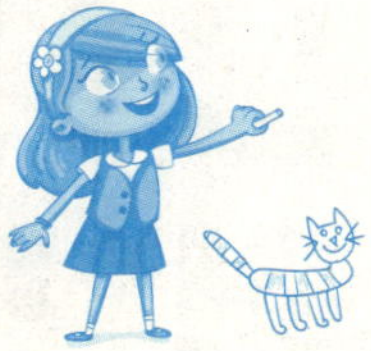

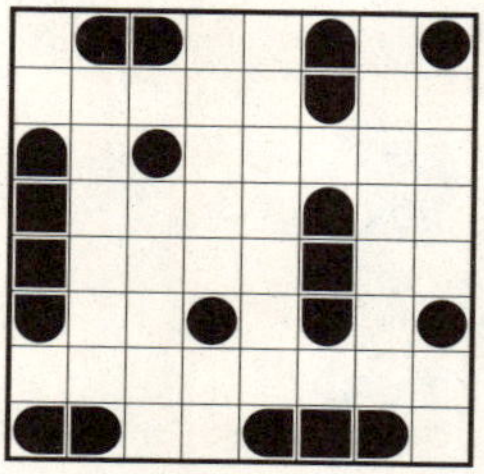

016 答案

019

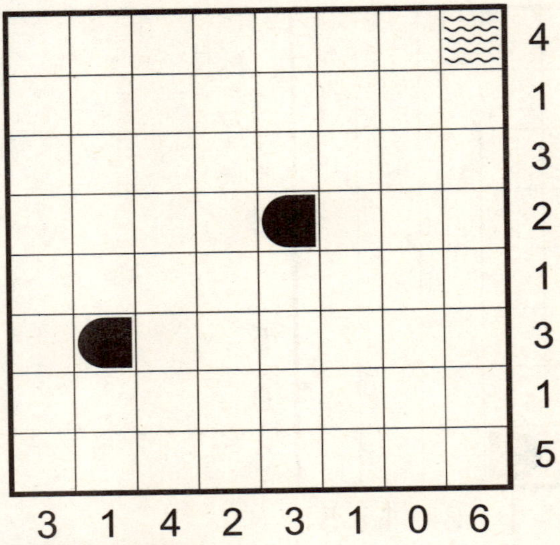
4
1
3
2
1
3
1
5
3 1 4 2 3 1 0 6

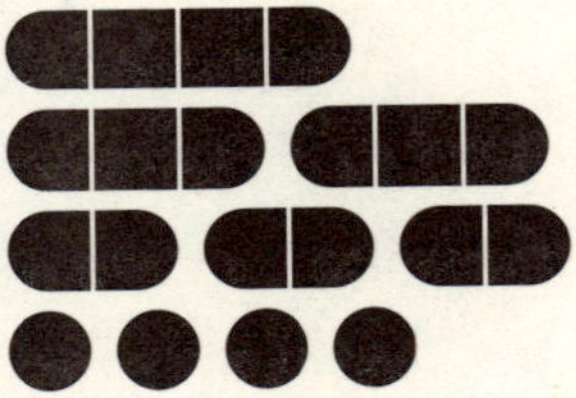

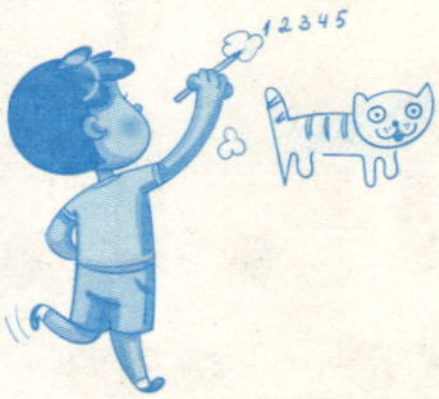
12345

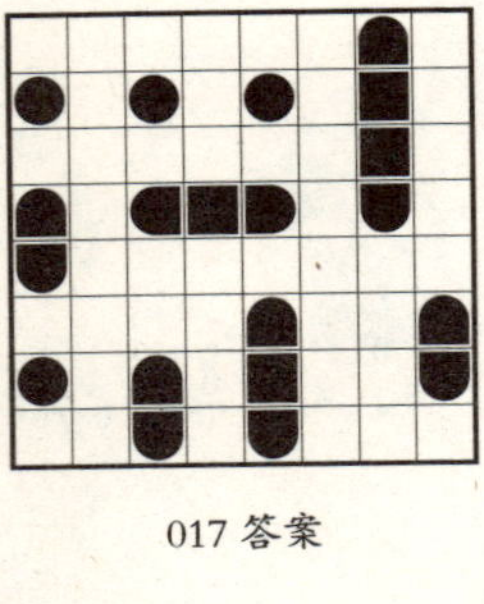

017 答案

020

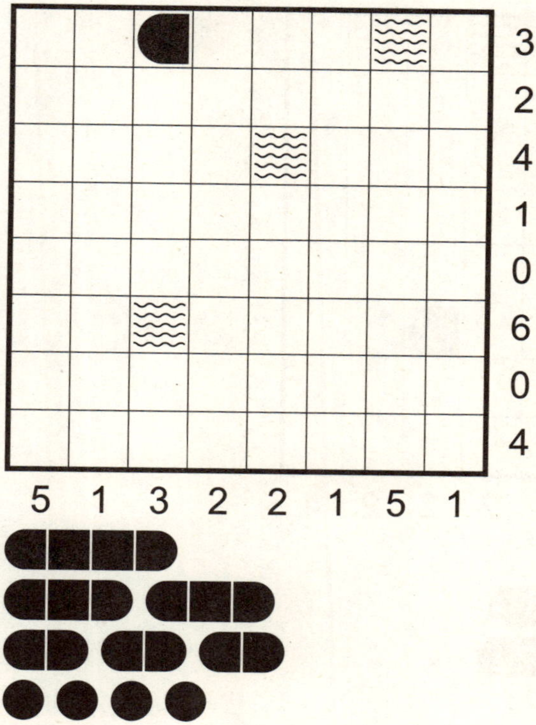
3
2
4
1
0
6
0
4
5 1 3 2 2 1 5 1

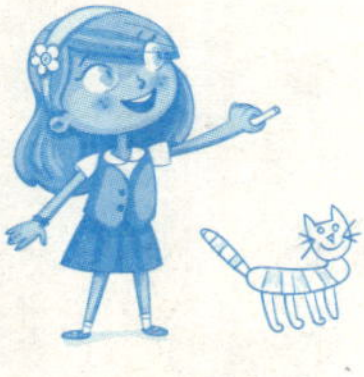

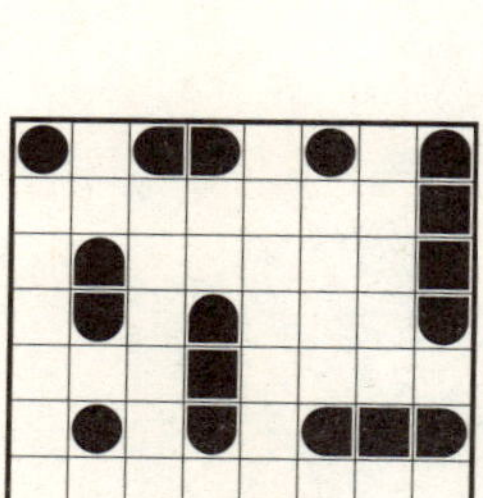

018 答案

021

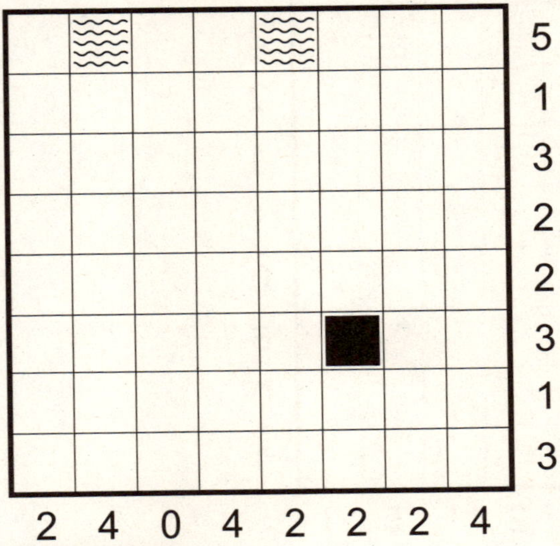

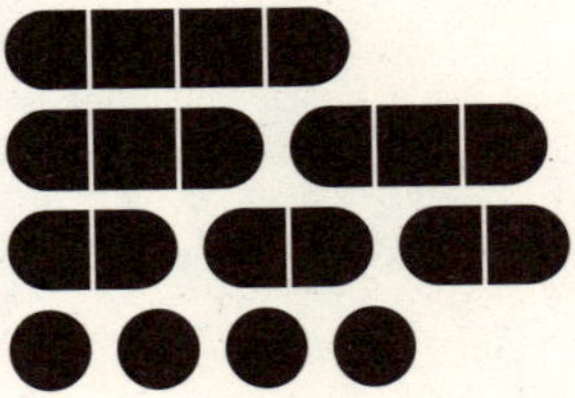

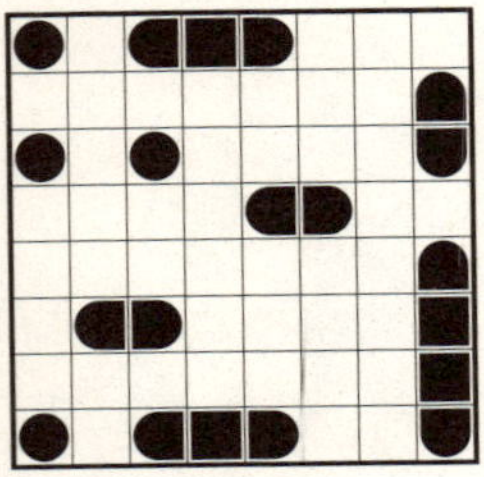

019 答案

022

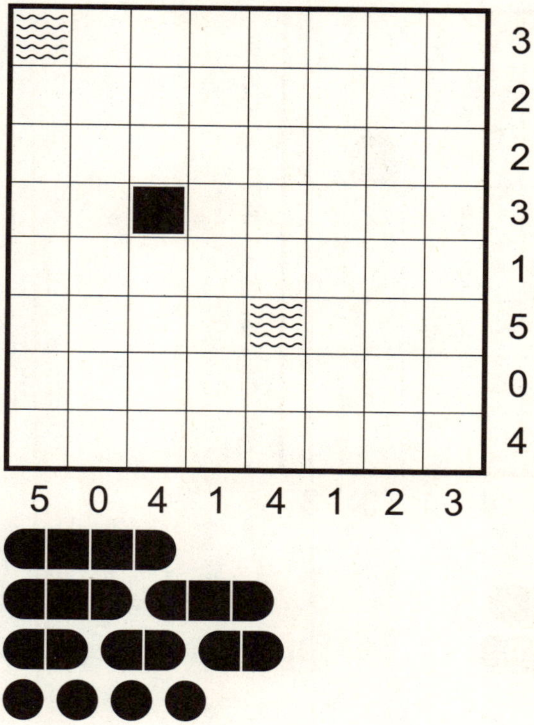
3
2
2
3
1
5
0
4
5 0 4 1 4 1 2 3

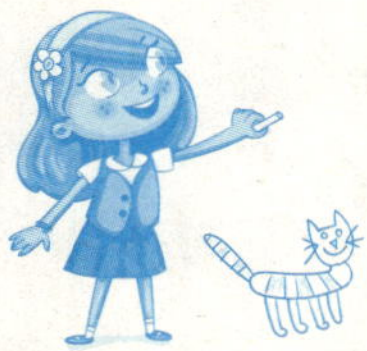

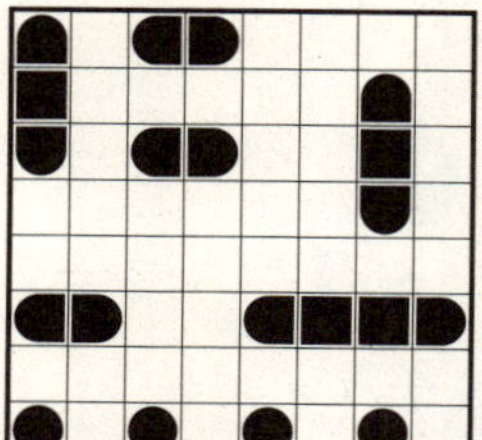

020 答案

023

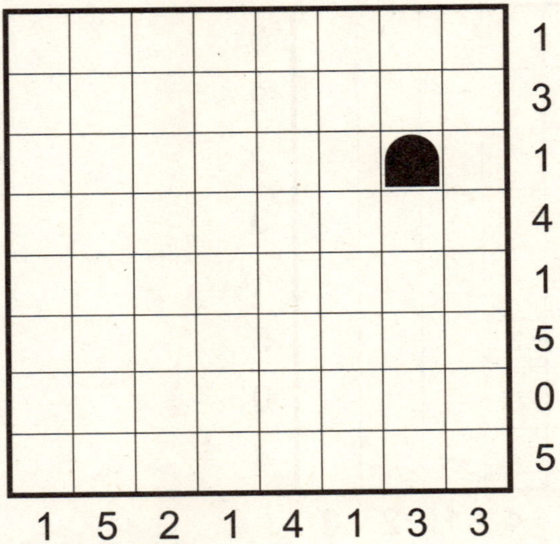
1
3
1
4
1
5
0
5
1 5 2 1 4 1 3 3

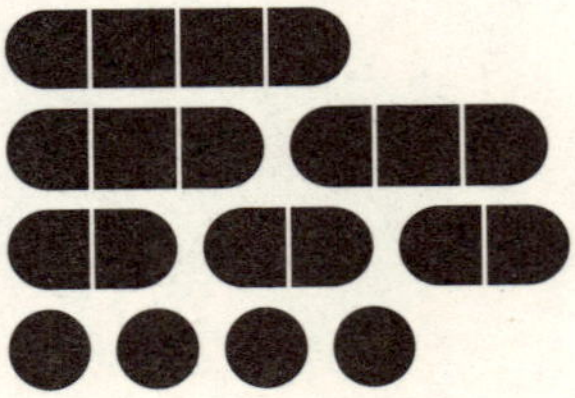

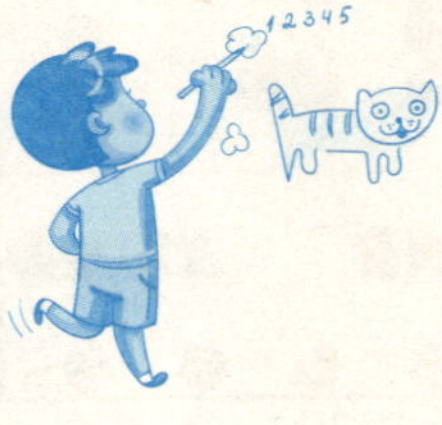
12345

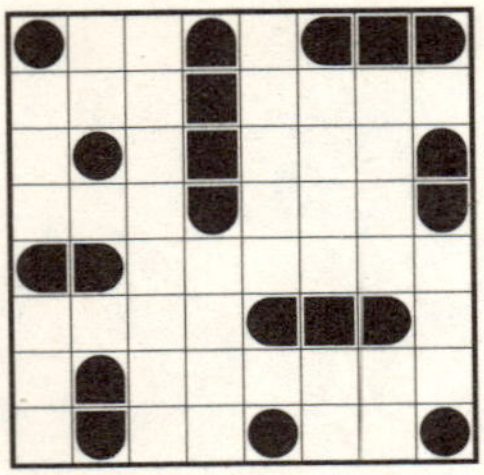

021 答案

024

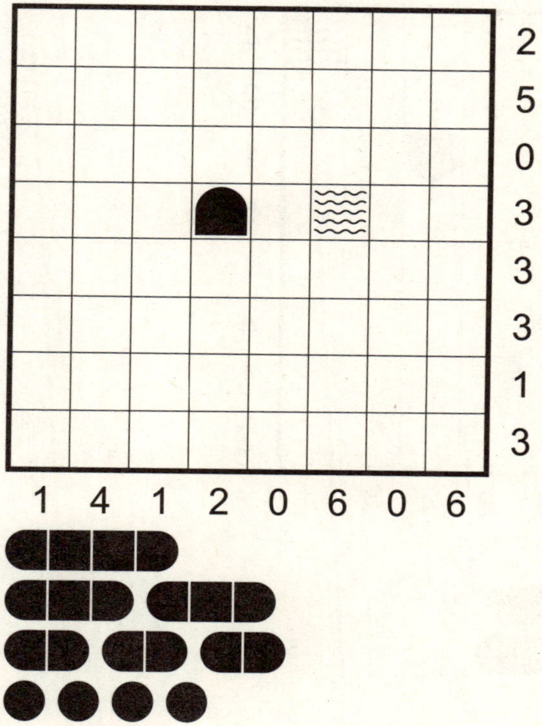
2
5
0
3
3
3
1
3
1 4 1 2 0 6 0 6

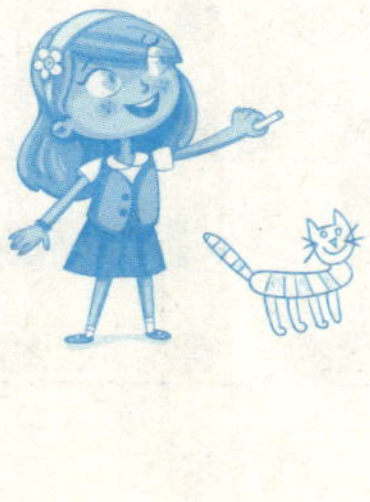

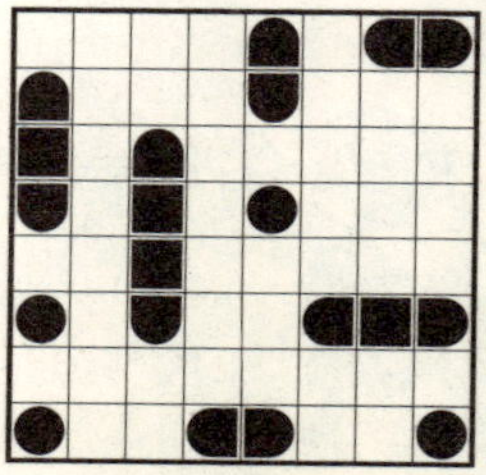

022 答案

025

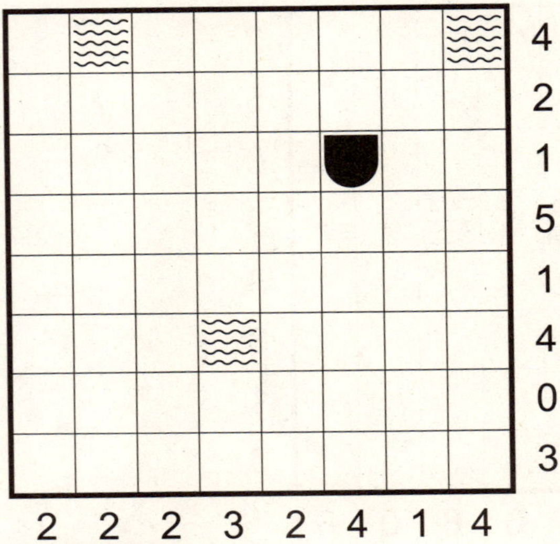
4
2
1
5
1
4
0
3
2 2 2 3 2 4 1 4

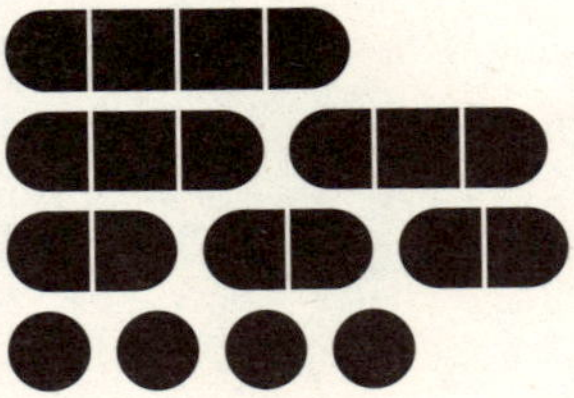

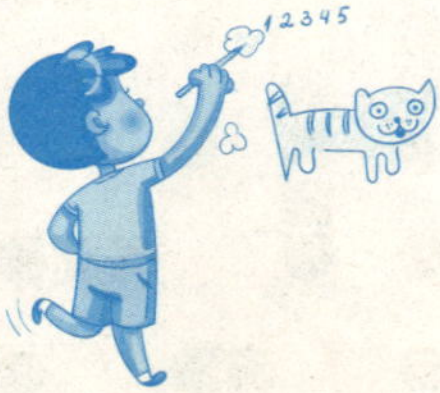
12345

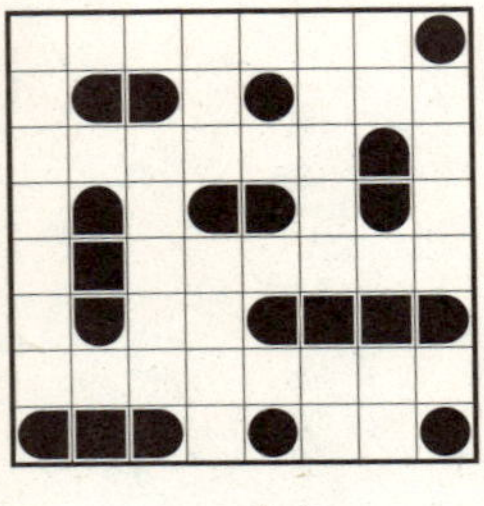

023 答案

026

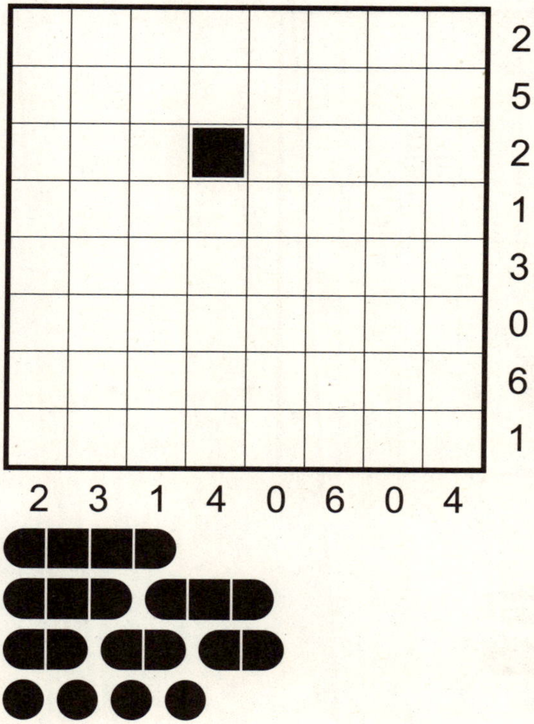

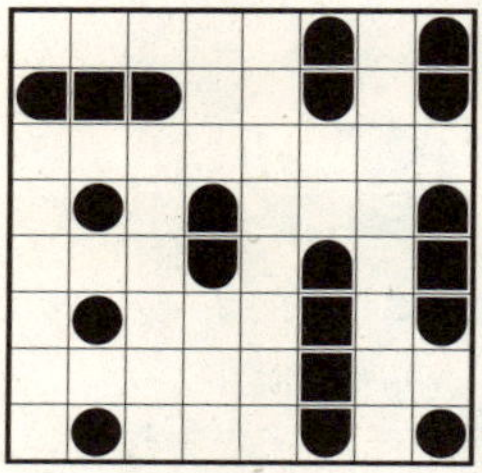

024 答案

027

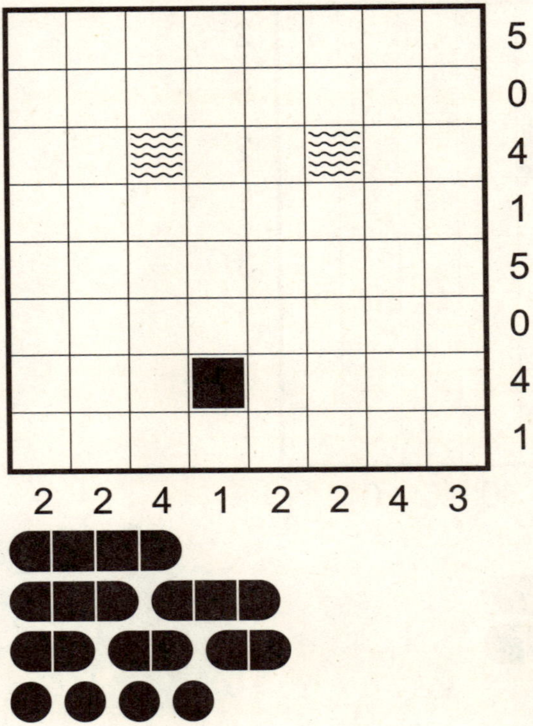

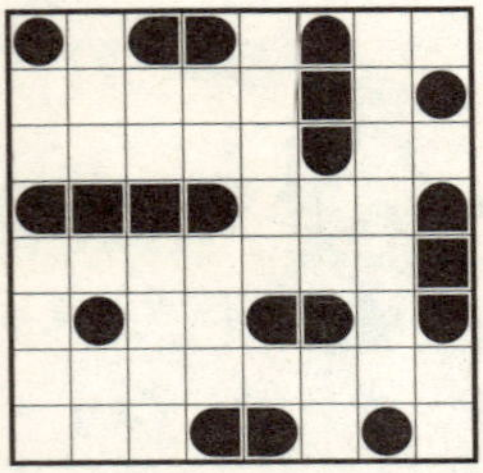

025 答案

028

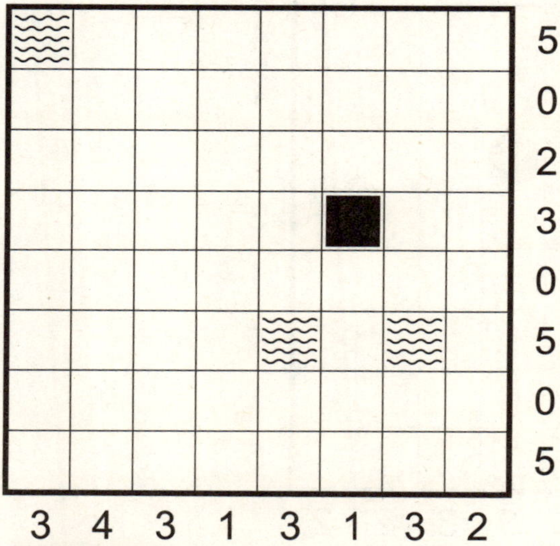

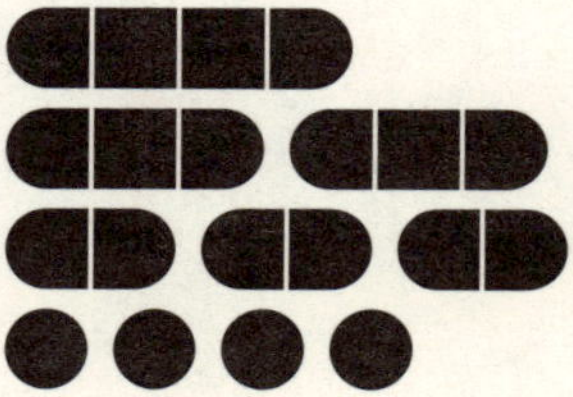

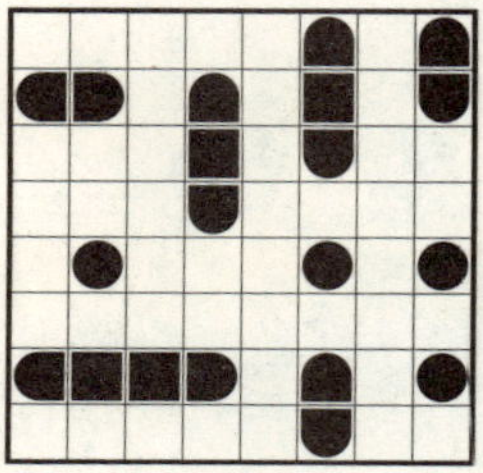

026 答案

029

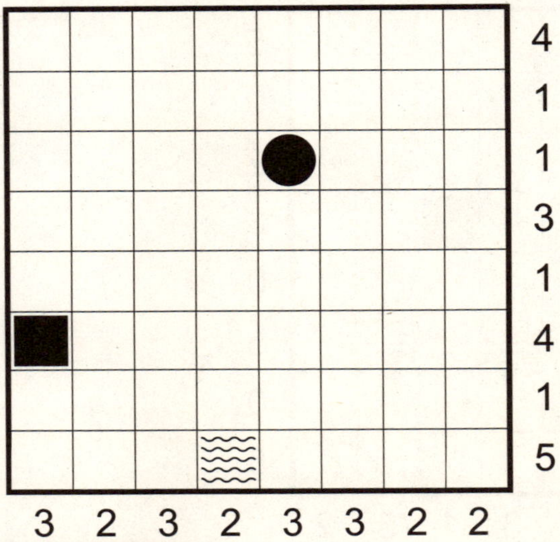
4
1
1
3
1
4
1
5
3 2 3 2 3 3 2 2

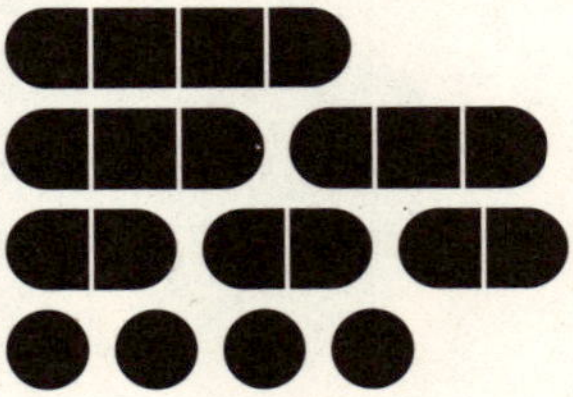

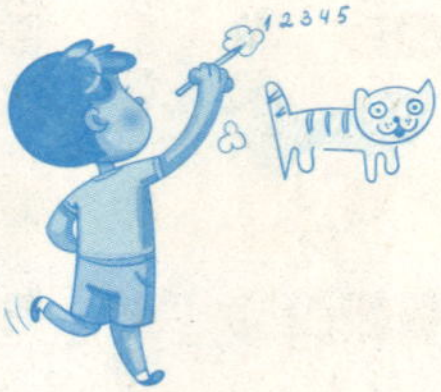
12345

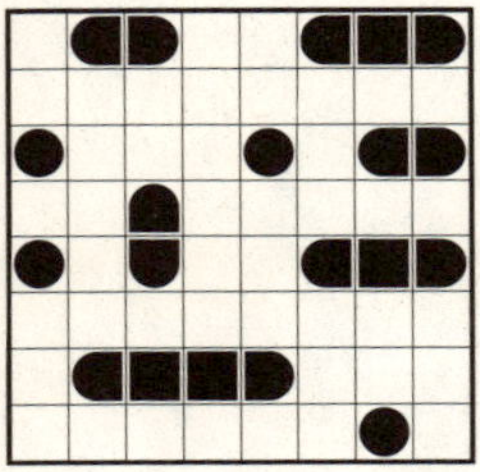

027 答案

030

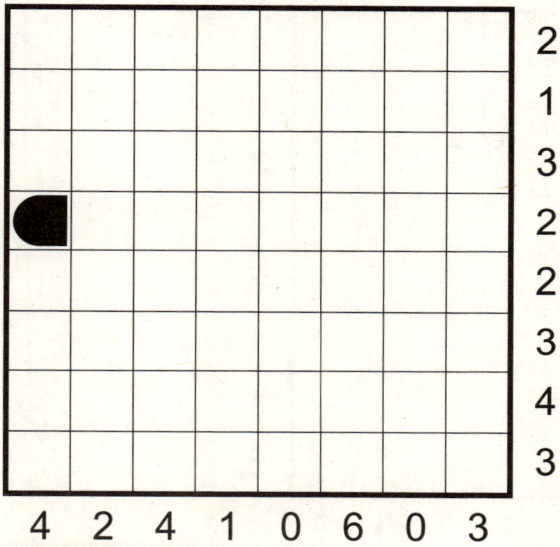

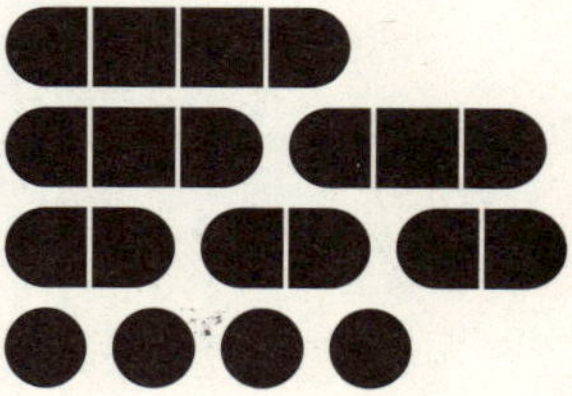

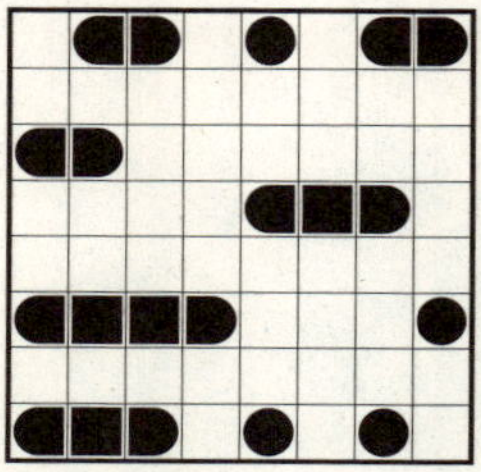

028 答案

031

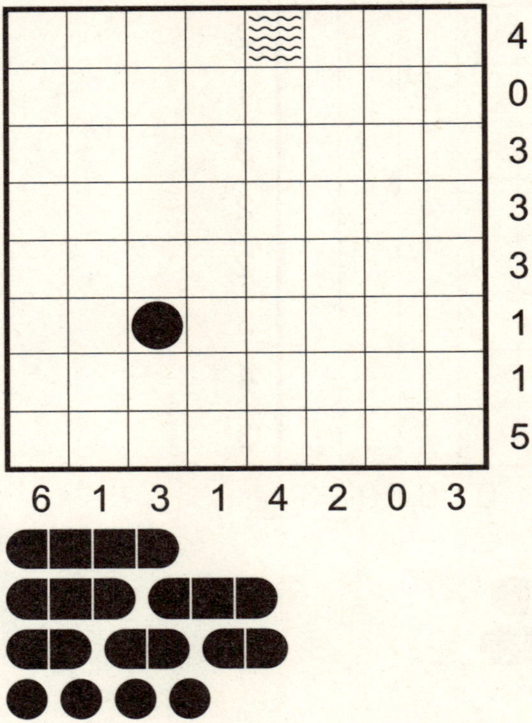
4
0
3
3
3
1
1
5
6 1 3 1 4 2 0 3

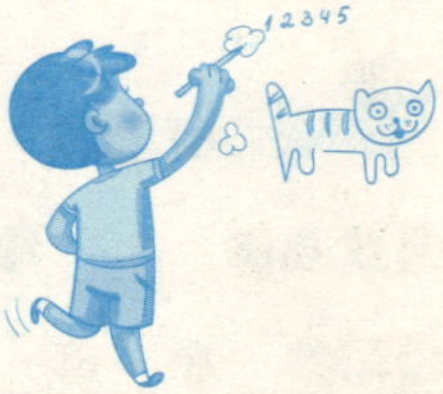
12345

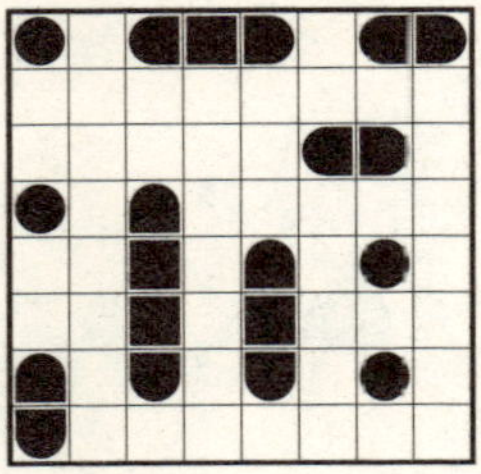

049 答案

032

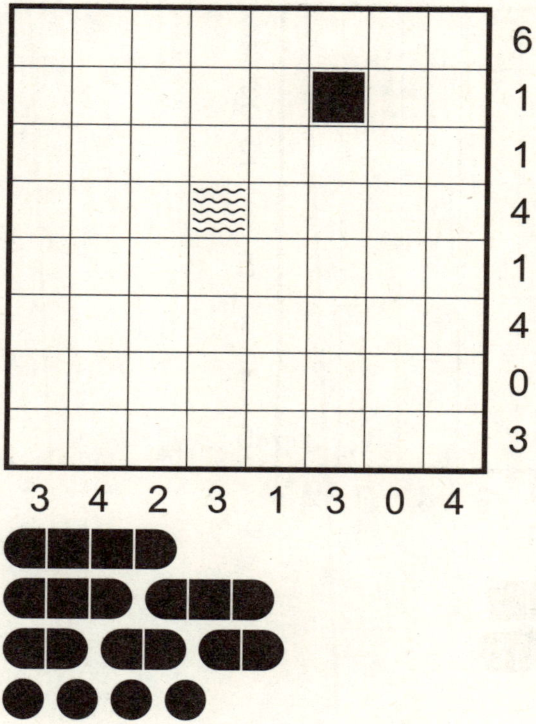

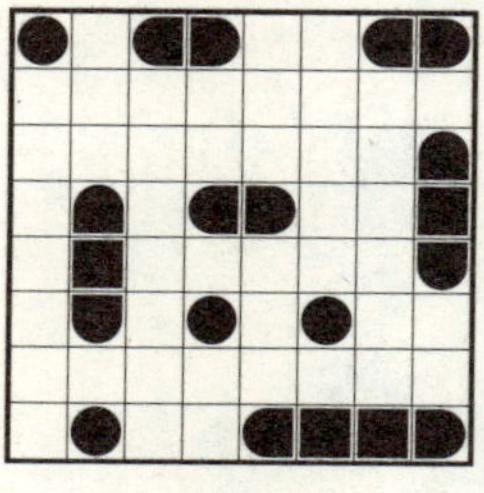

050 答案

033

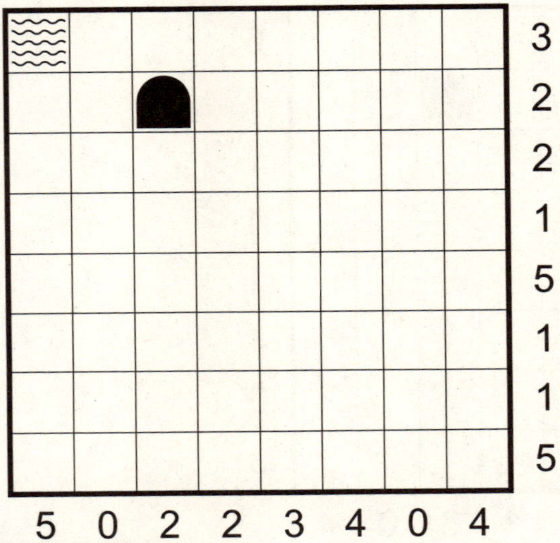
3
2
2
1
5
1
1
5
5 0 2 2 3 4 0 4

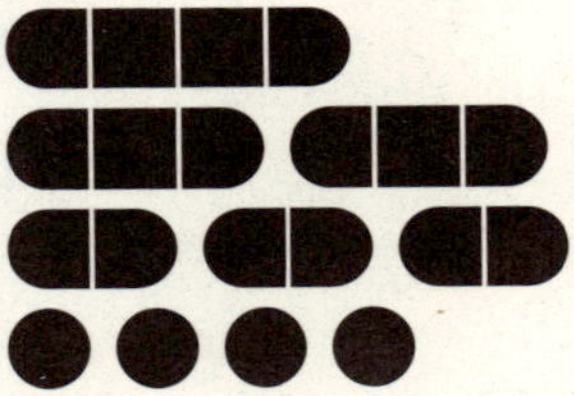

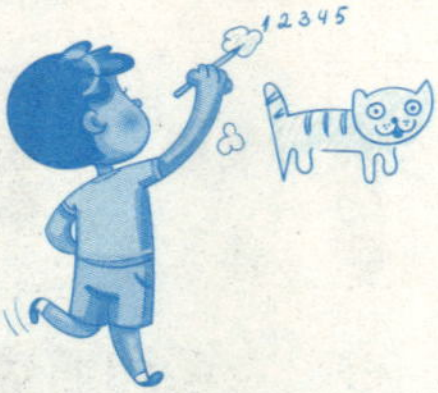
12345

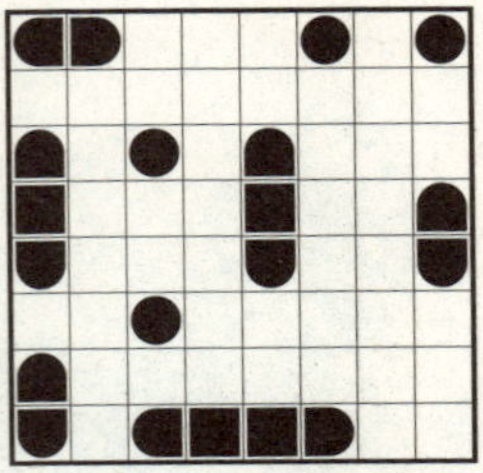

031 答案

034

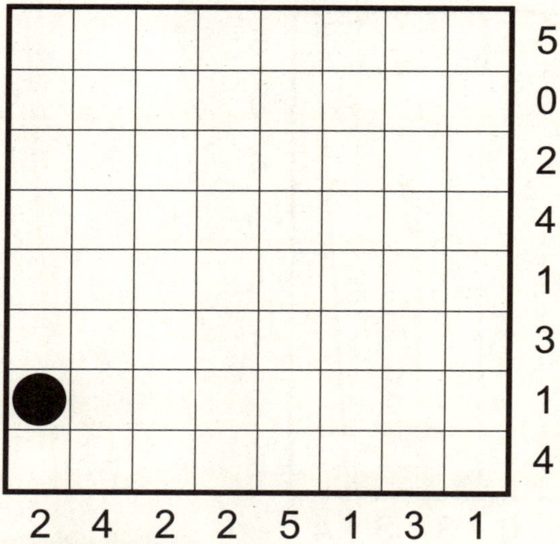
5
0
2
4
1
3
1
4
2 4 2 2 5 1 3 1

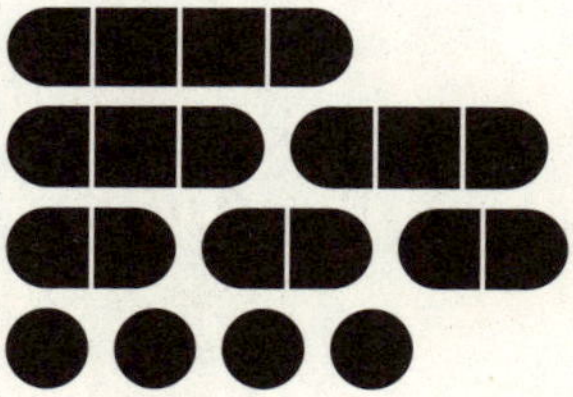

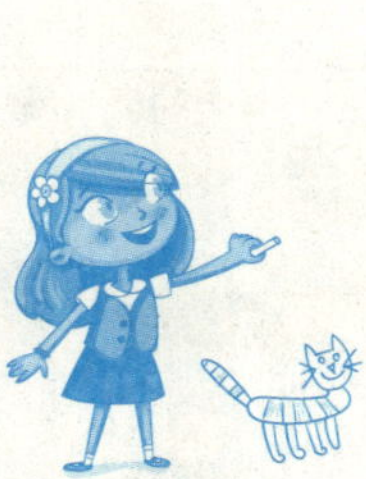

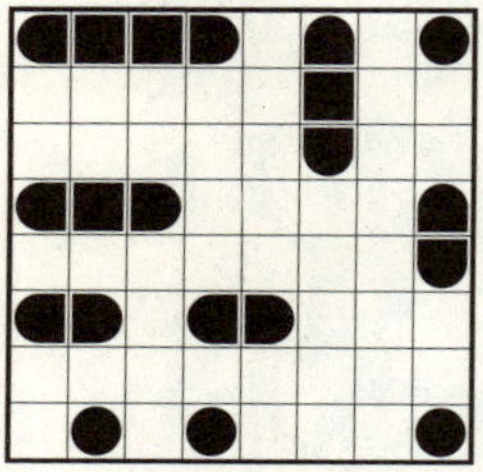

032 答案

035

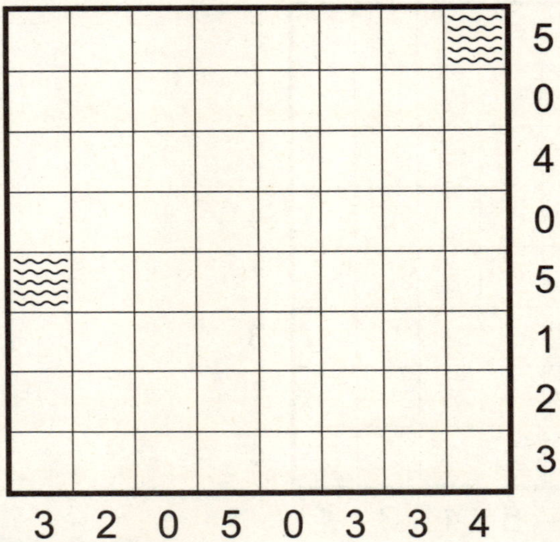
5
0
4
0
5
1
2
3
3 2 0 5 0 3 3 4

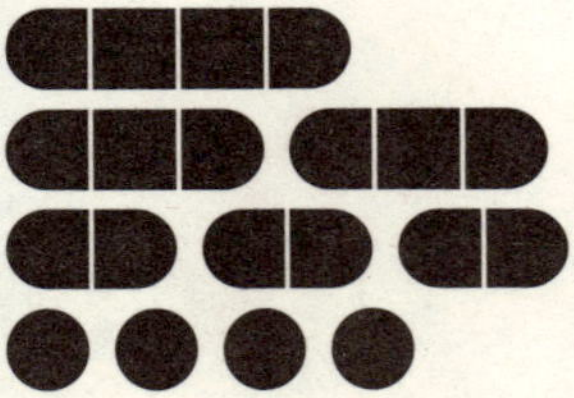

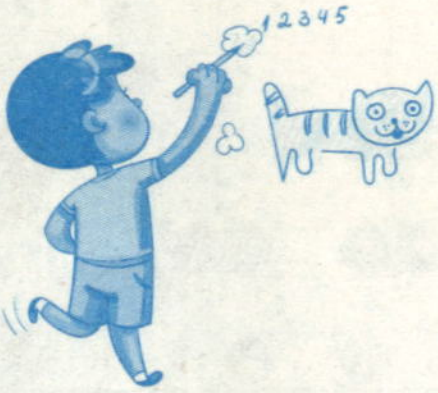
12345

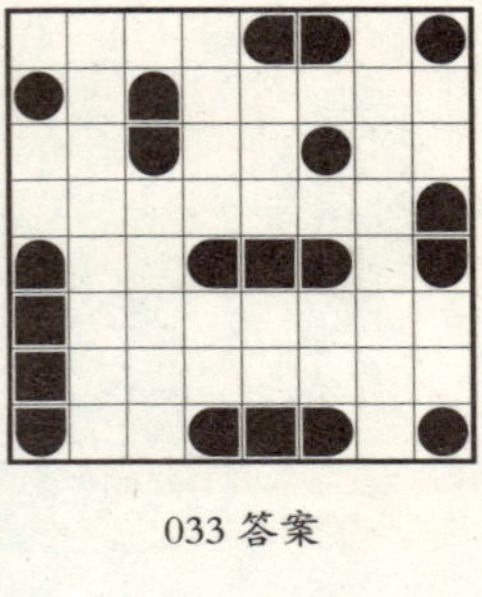

033 答案

036

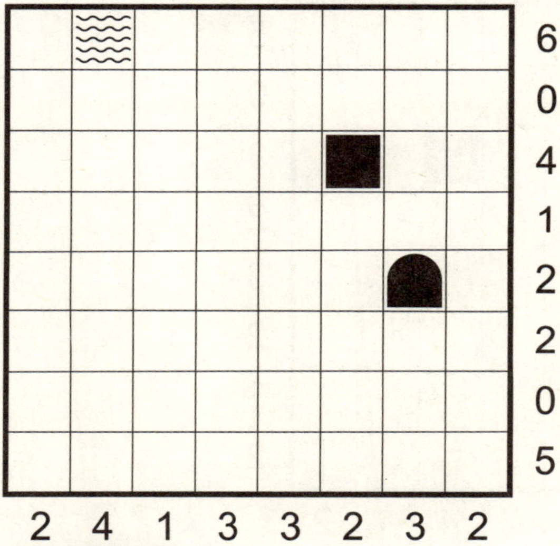
6
0
4
1
2
2
0
5
2 4 1 3 3 2 3 2

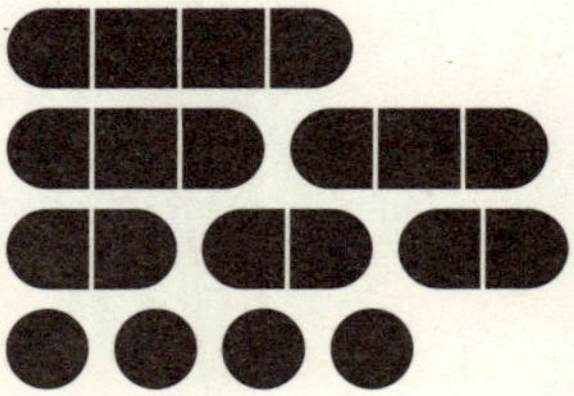

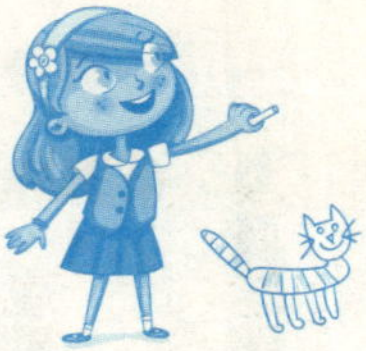

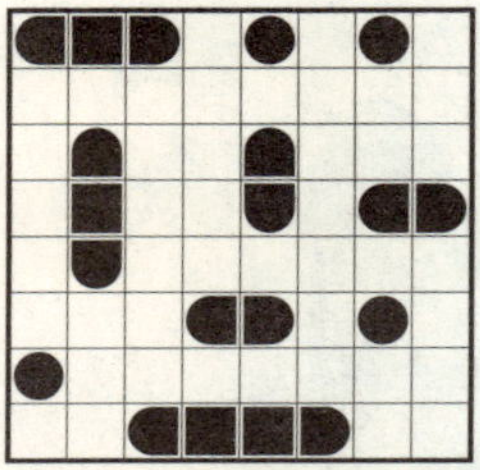

034 答案

037

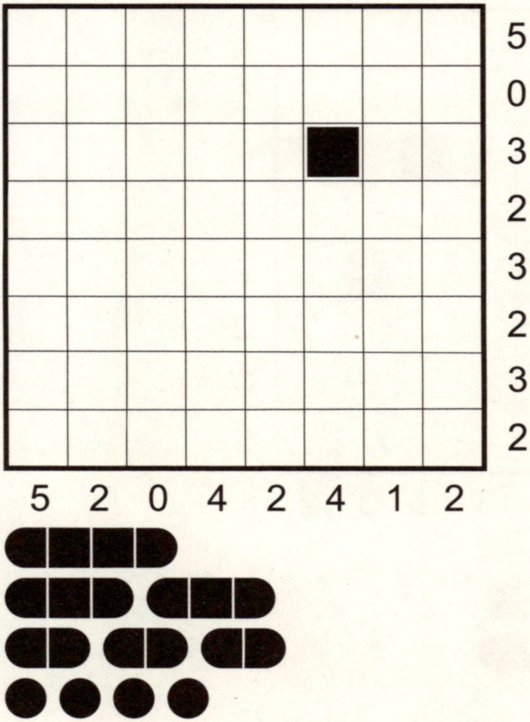
5
0
3
2
3
2
3
2
5 2 0 4 2 4 1 2

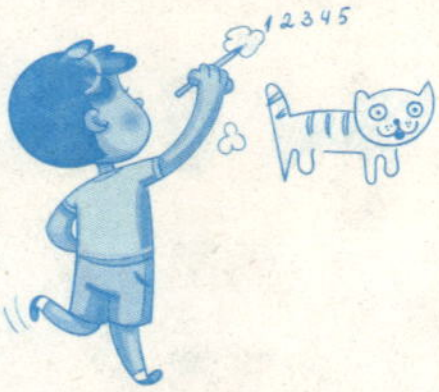
12345

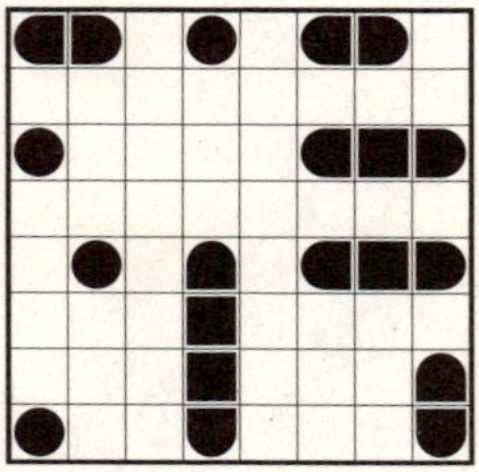

035 答案

038

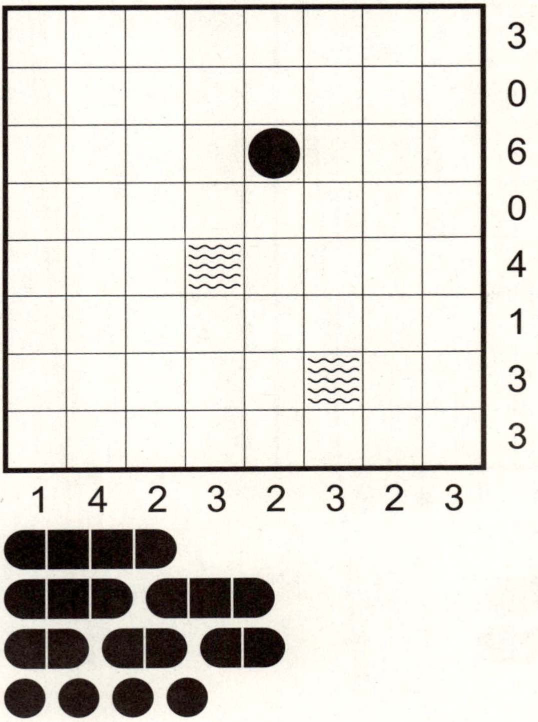

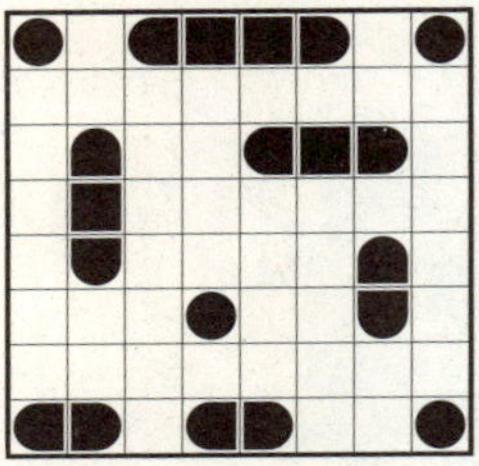

036 答案

039

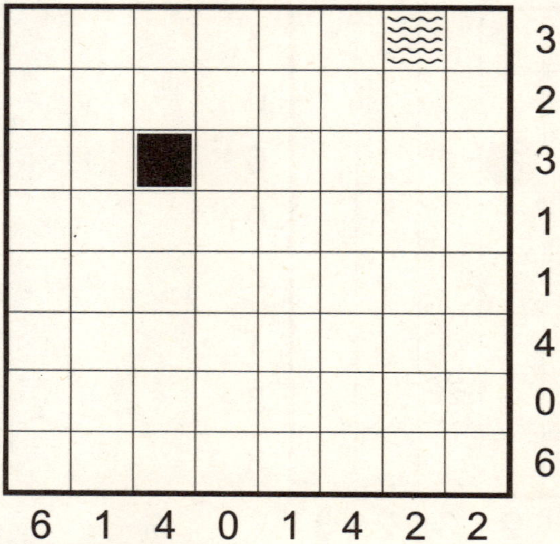
3
2
3
1
1
4
0
6
6 1 4 0 1 4 2 2

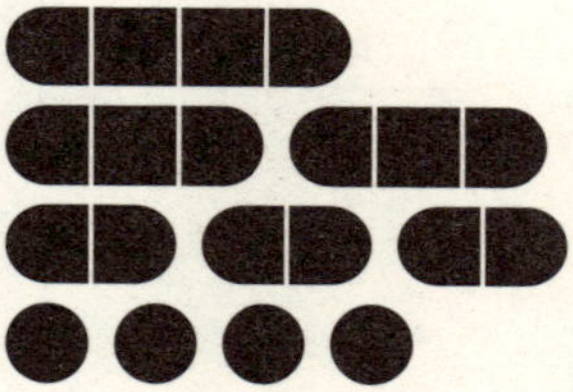

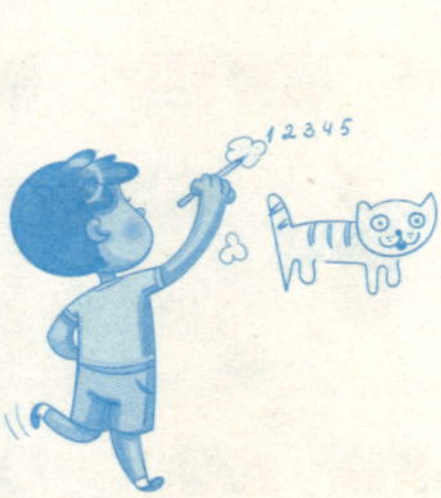
12345

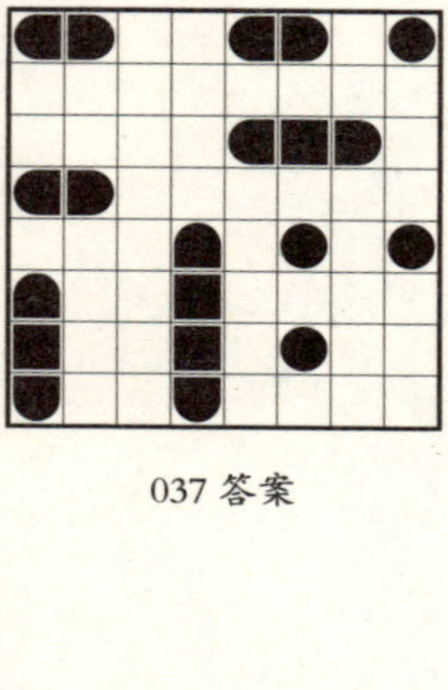

037 答案

040

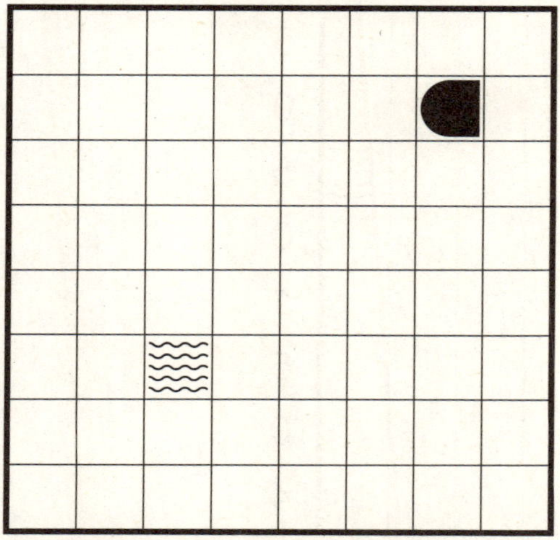

3
2
1
3
1
5
0
5

4 2 4 2 1 4 1 2

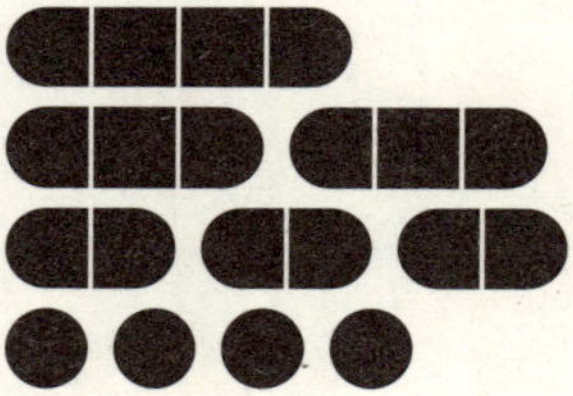

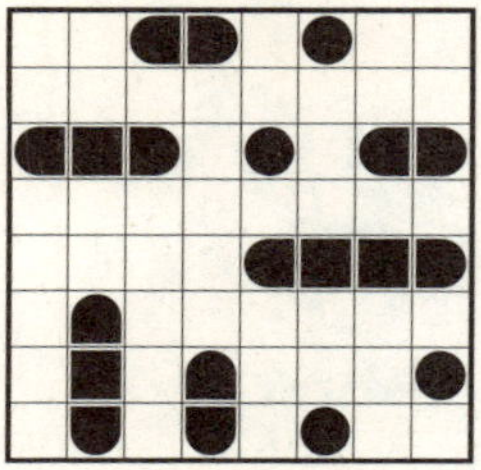

038 答案

041

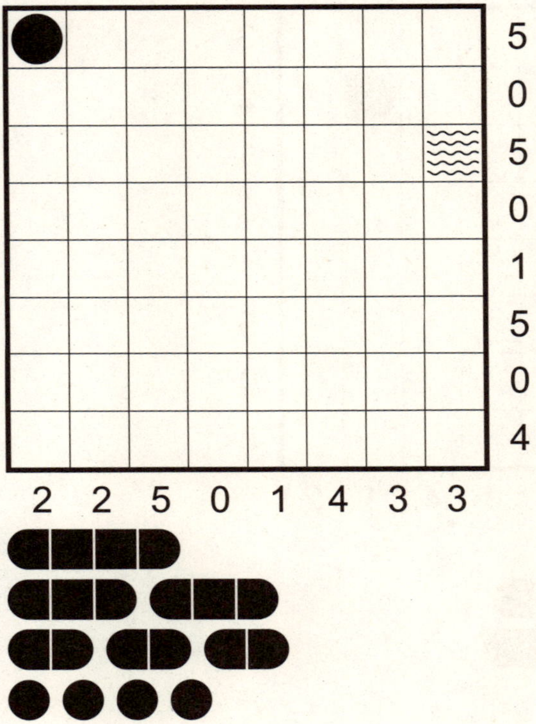
5
0
5
0
1
5
0
4
2 2 5 0 1 4 3 3

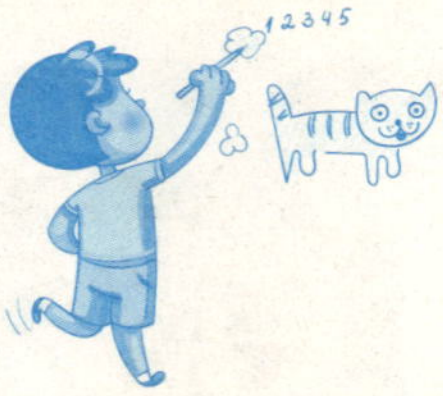

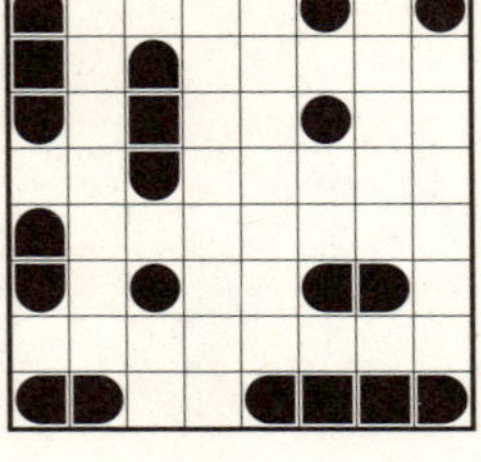

039 答案

042

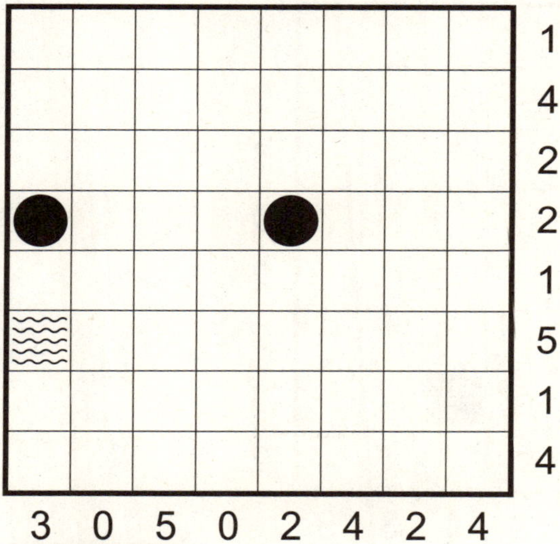

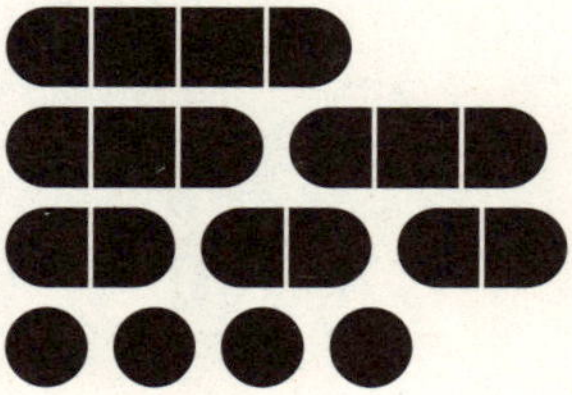

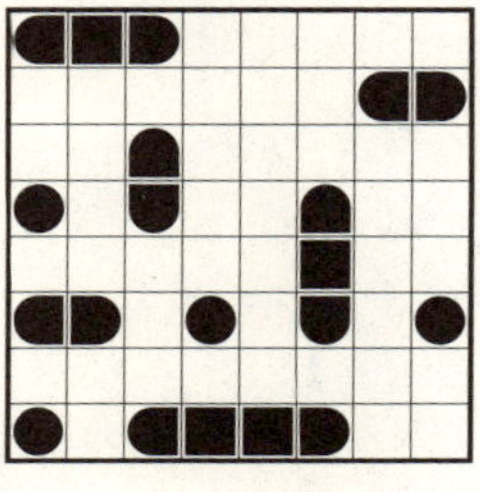

040 答案

043

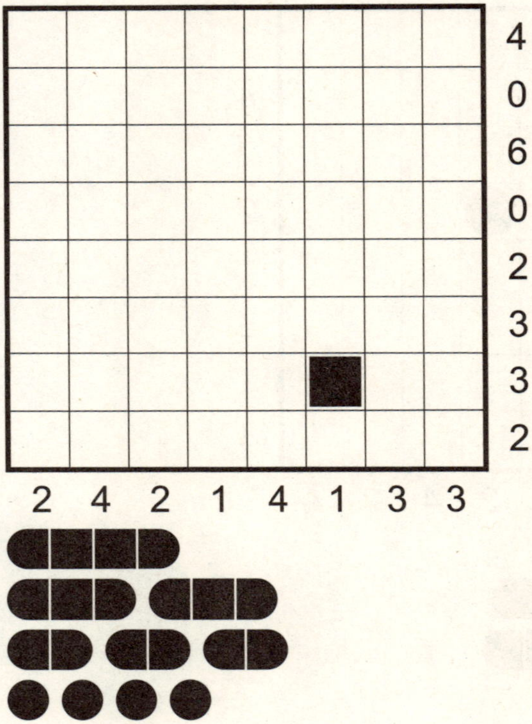
4
0
6
0
2
3
3
2
2 4 2 1 4 1 3 3

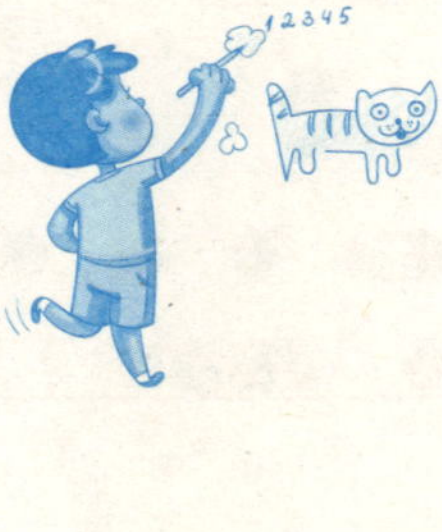
12345

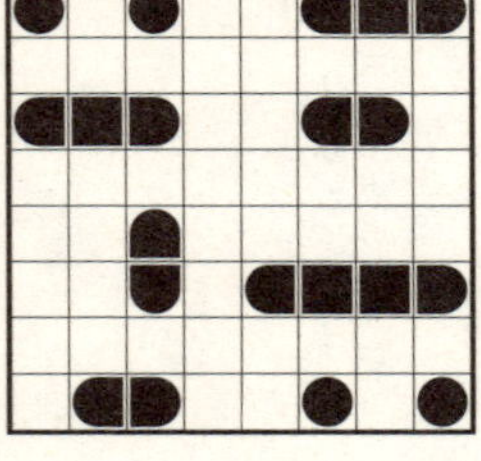

041 答案

044

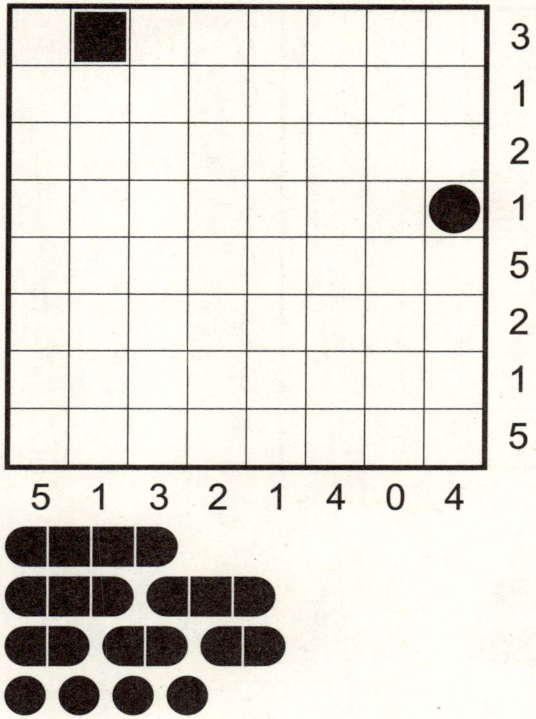

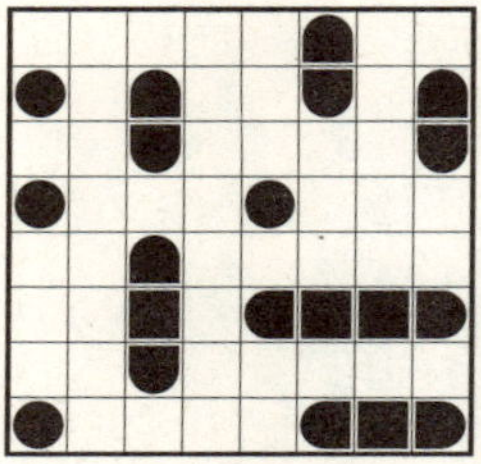

042 答案

045

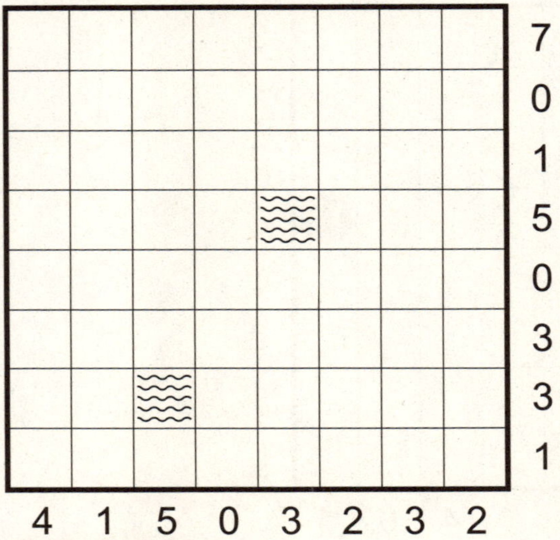
7
0
1
5
0
3
3
1
4 1 5 0 3 2 3 2

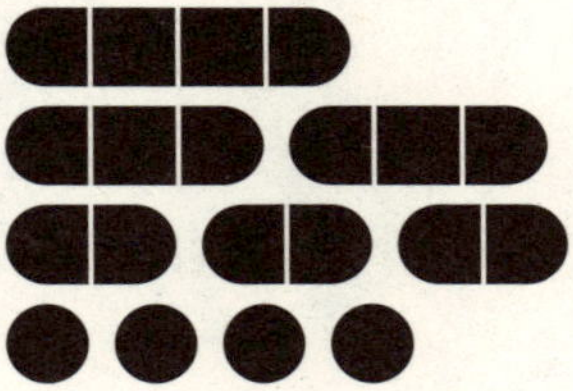

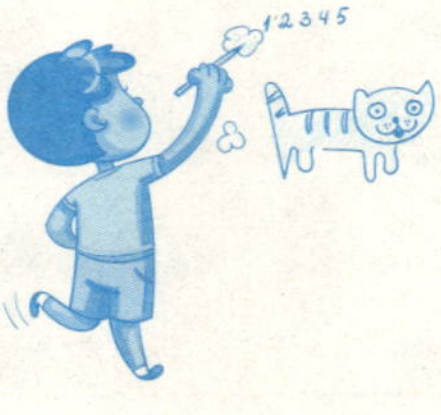
12345

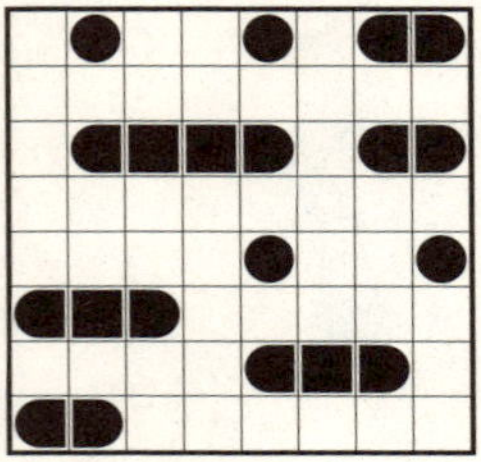

043 答案

046

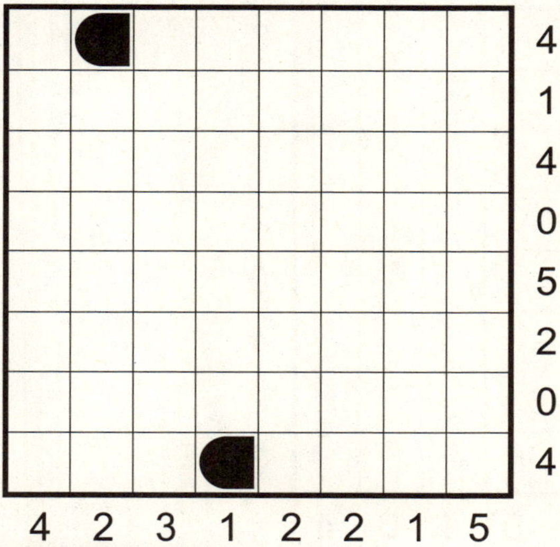

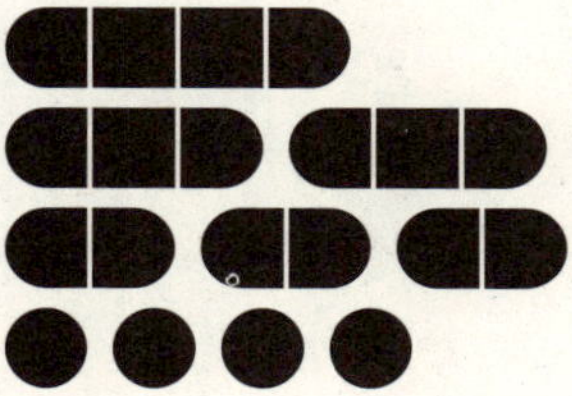

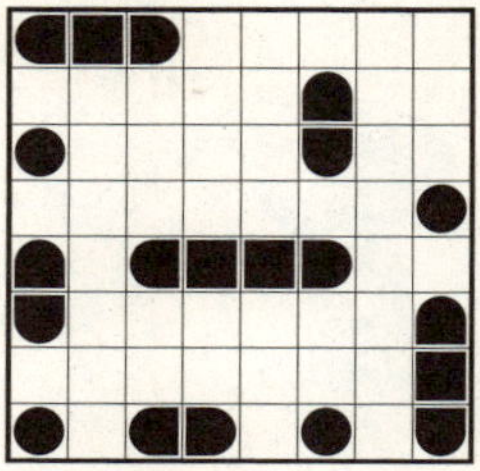

044 答案

047

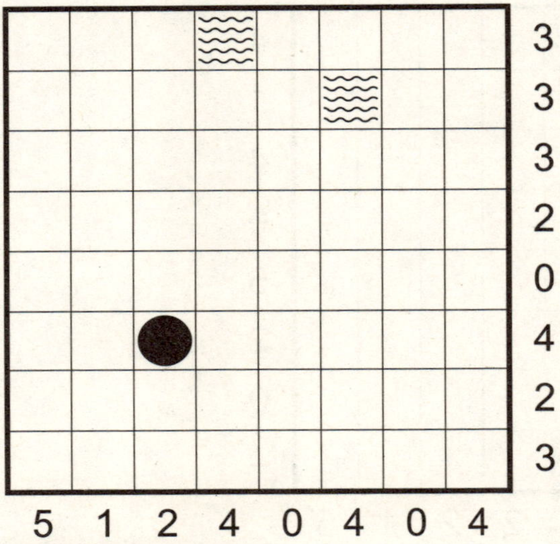
3
3
3
2
0
4
2
3
5 1 2 4 0 4 0 4

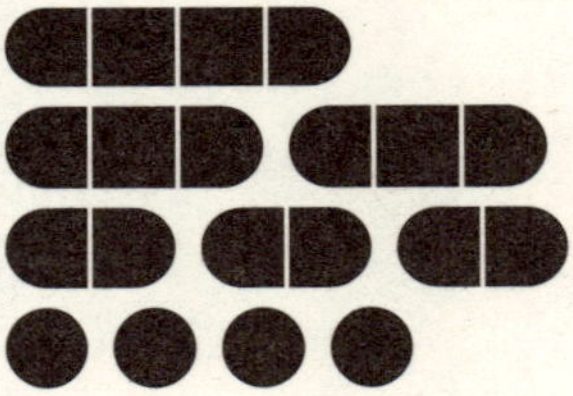

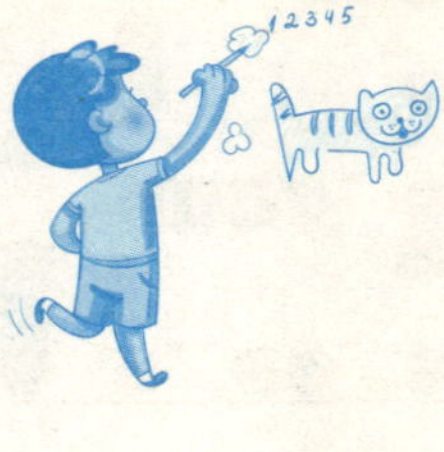
12345

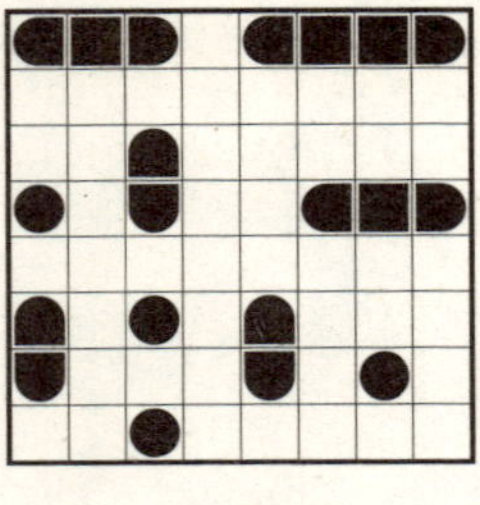

045 答案

048

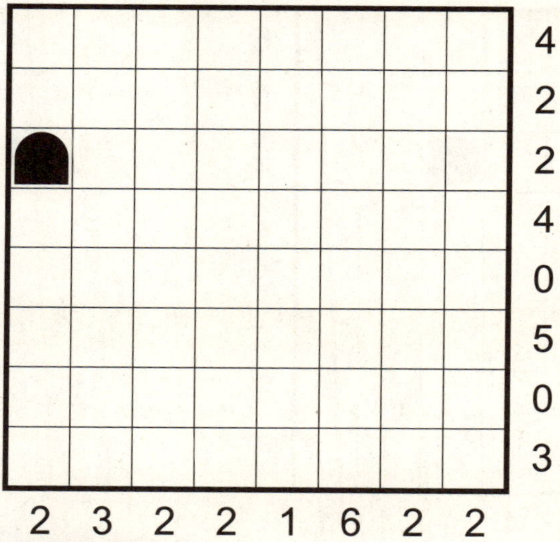

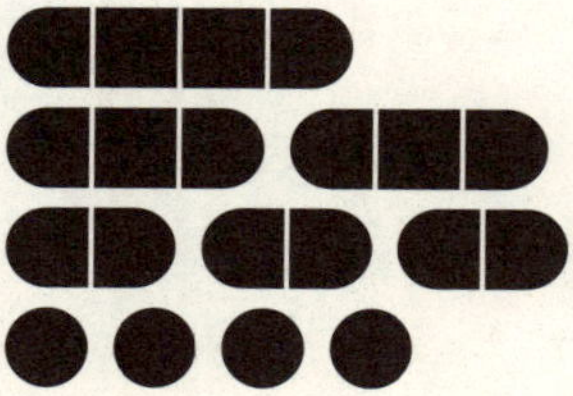

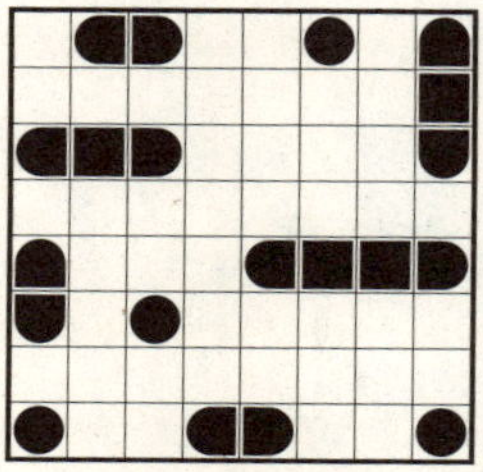

046 答案

049

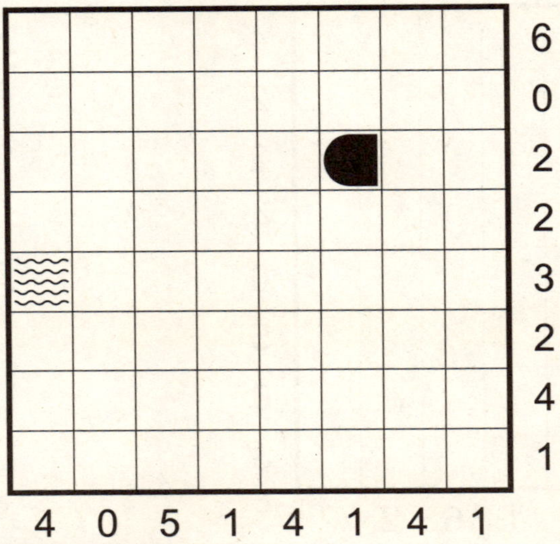
6
0
2
2
3
2
4
1
4 0 5 1 4 1 4 1

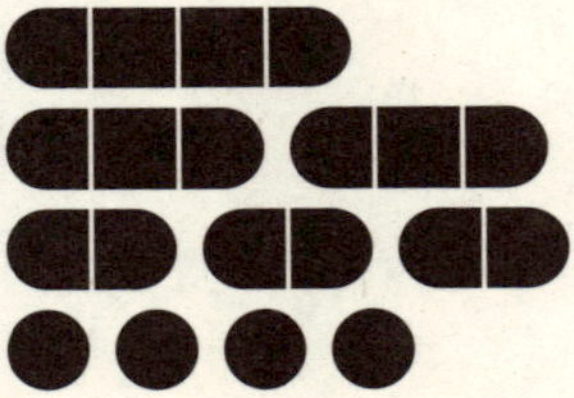

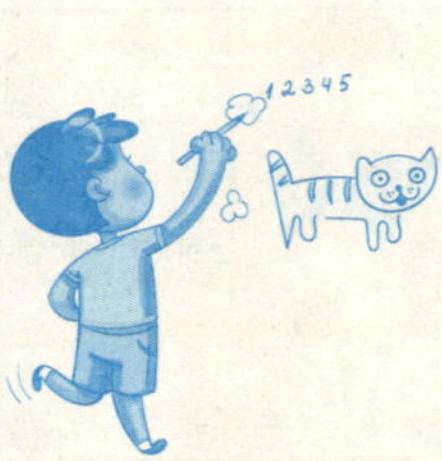
12345

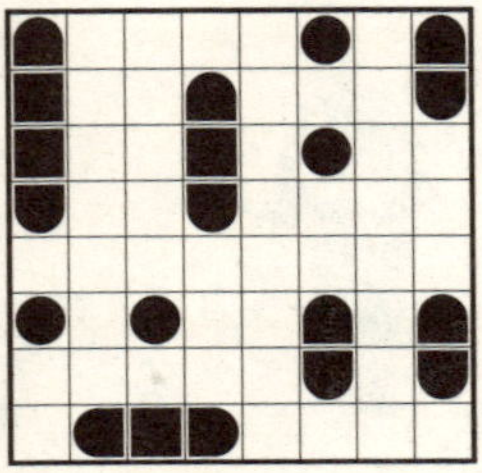

047 答案

050

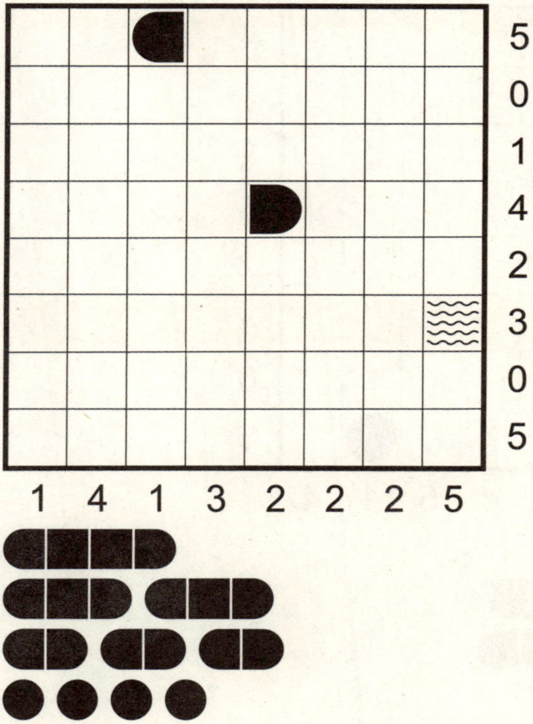

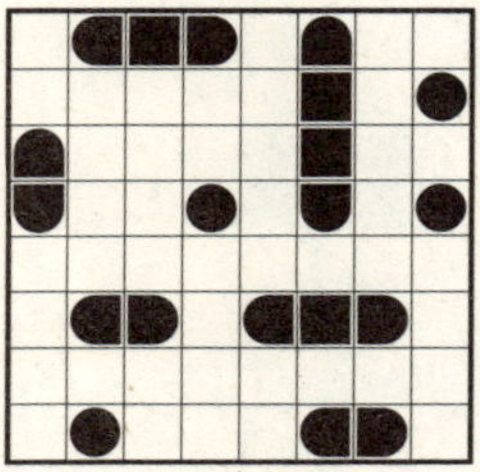

048 答案

051

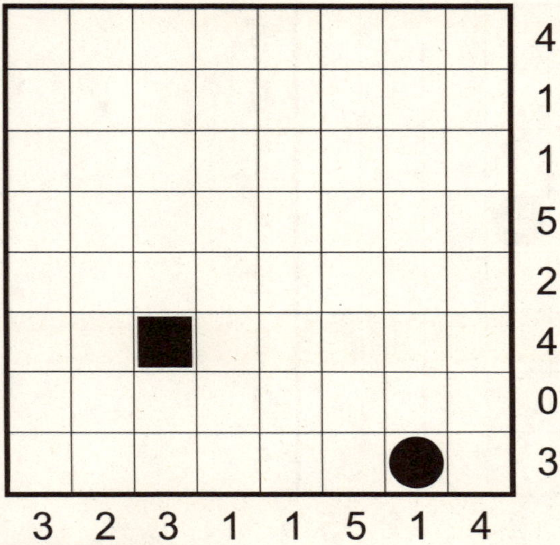
4
1
1
5
2
4
0
3
3 2 3 1 1 5 1 4

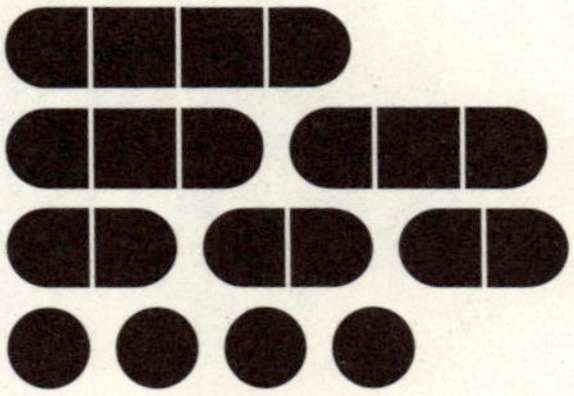

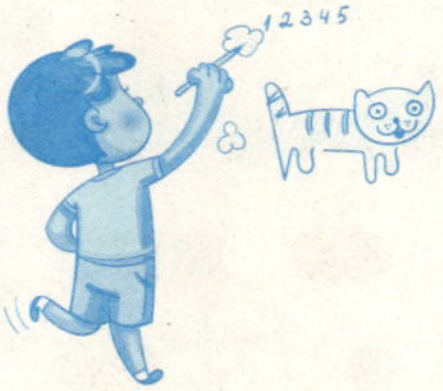
12345

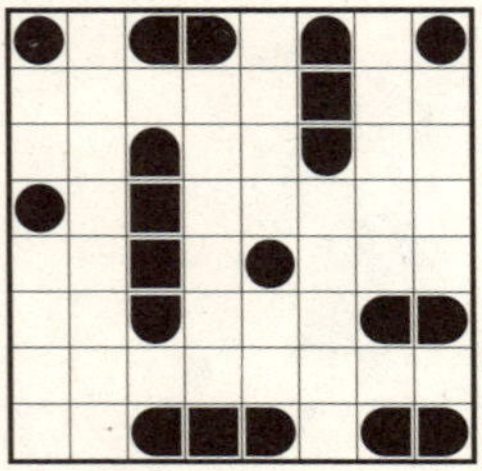

064 答案

052

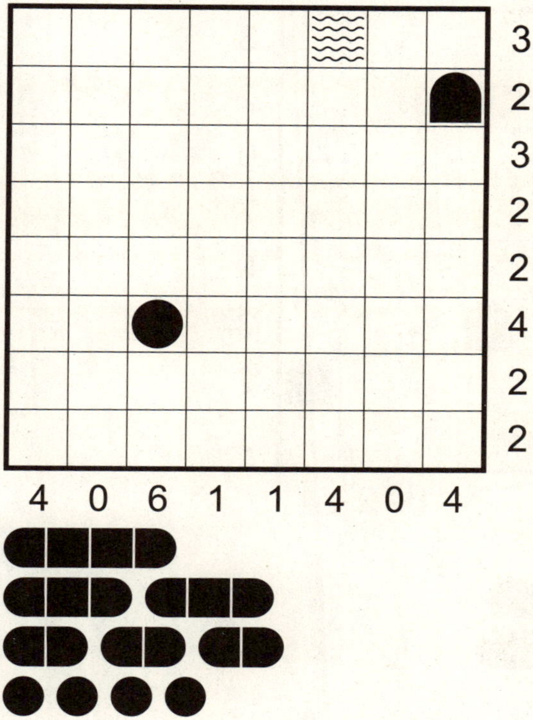

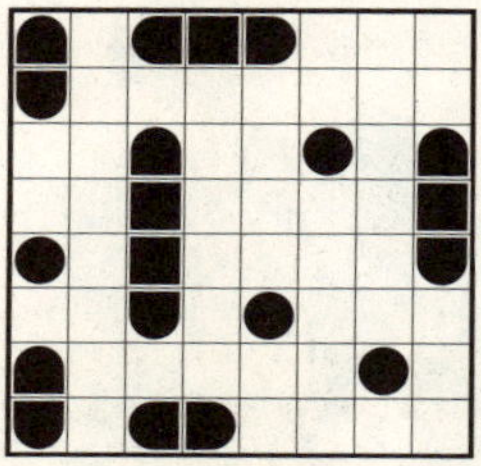

065 答案

053

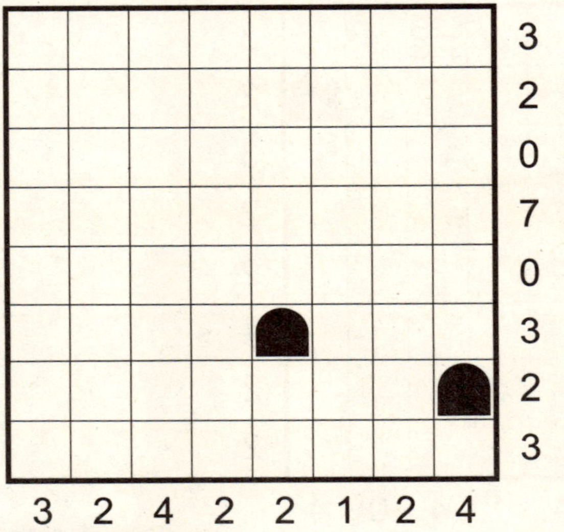
3
2
0
7
0
3
2
3
3 2 4 2 2 1 2 4

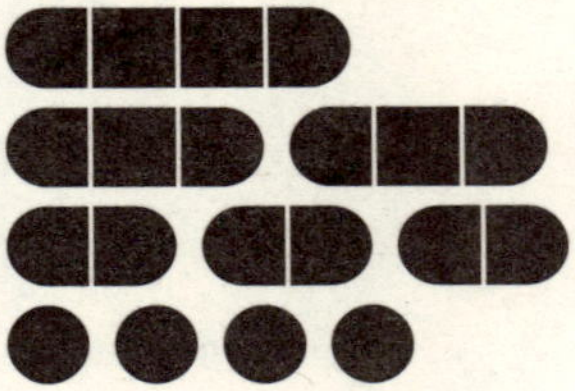

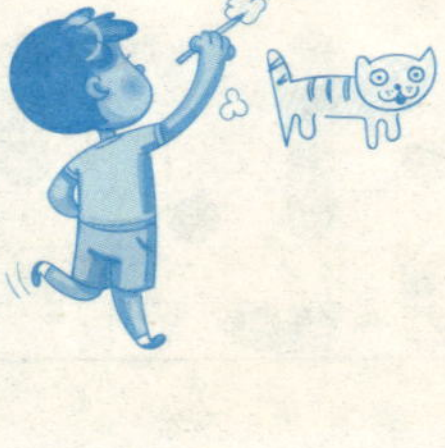
12345

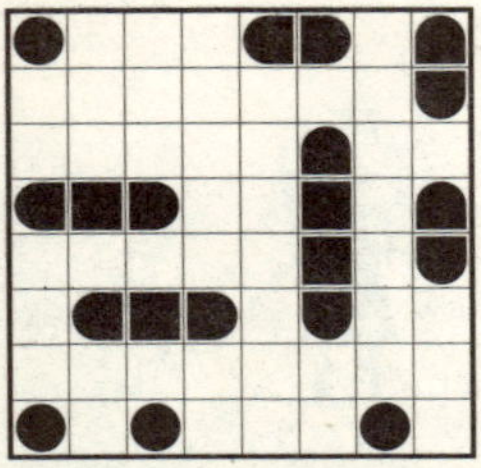

051 答案

054

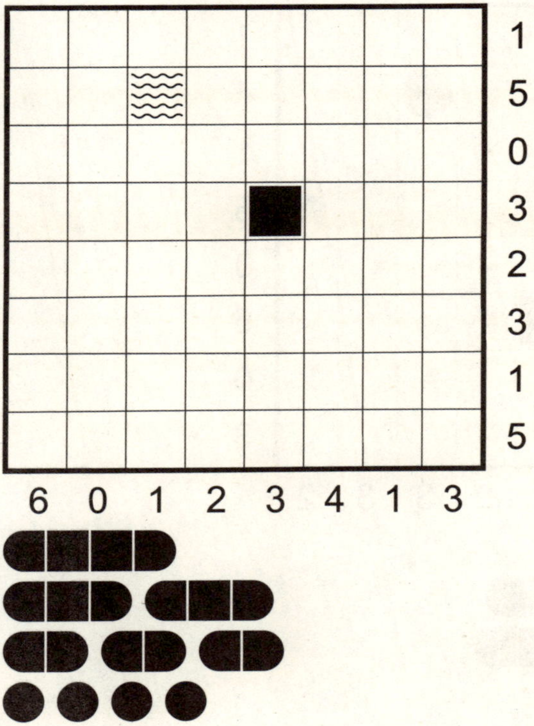

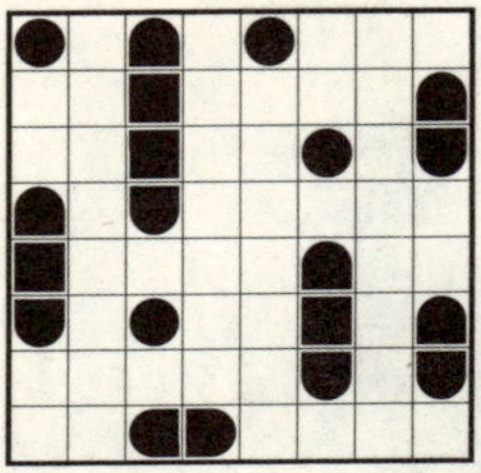

052 答案

055

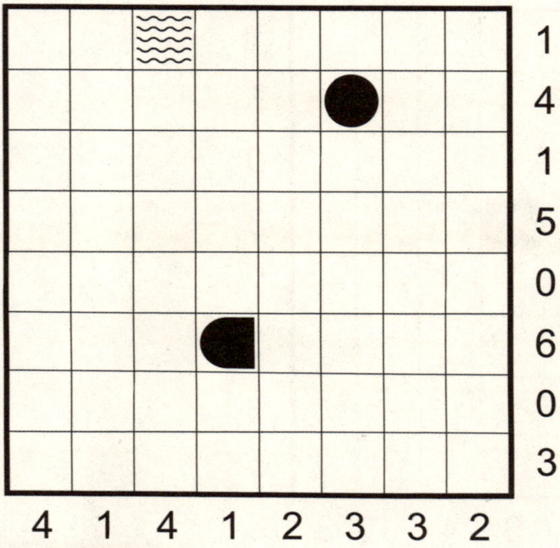
1
4
1
5
0
6
0
3
4 1 4 1 2 3 3 2

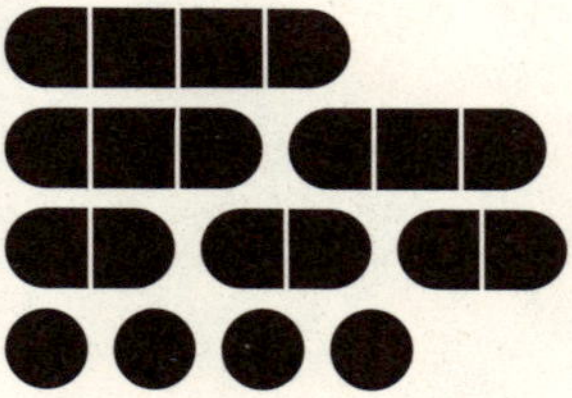

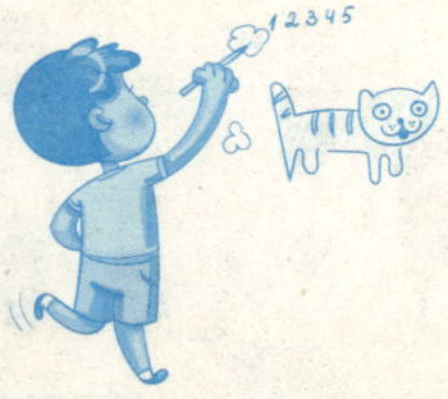
12345

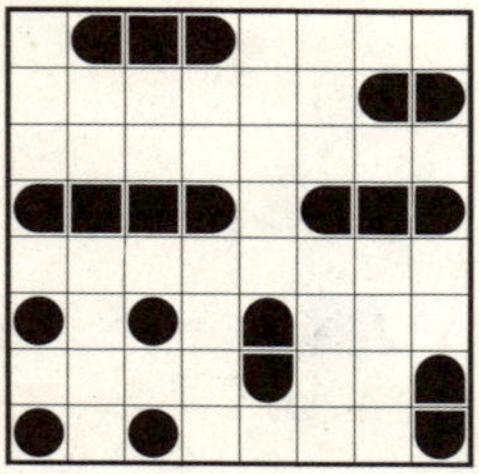

053 答案

056

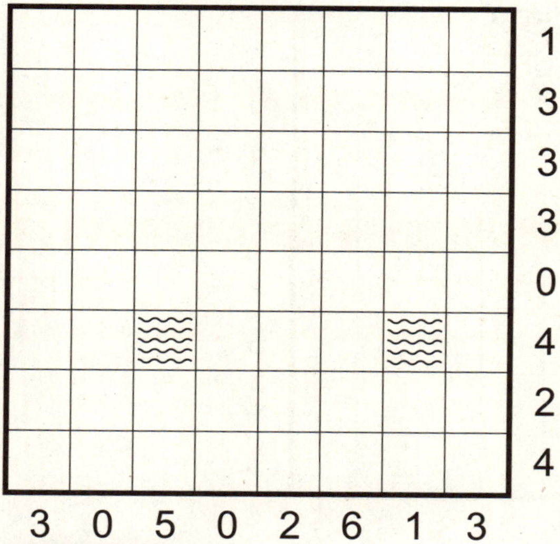

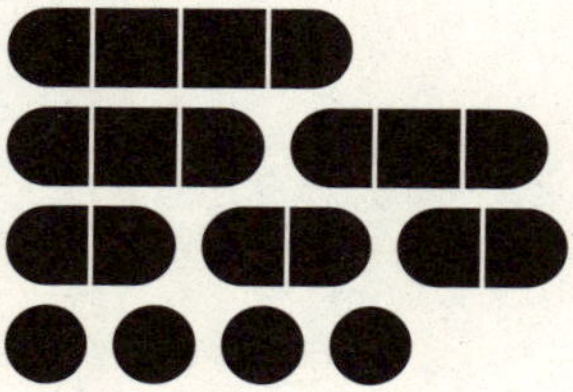

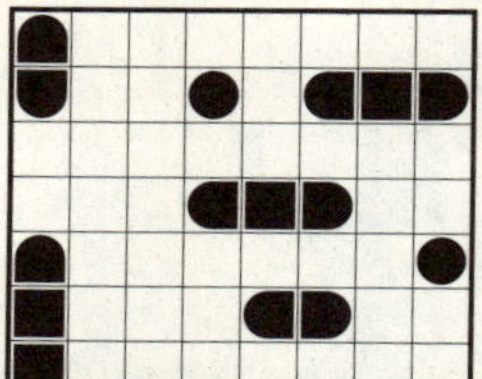

054 答案

057

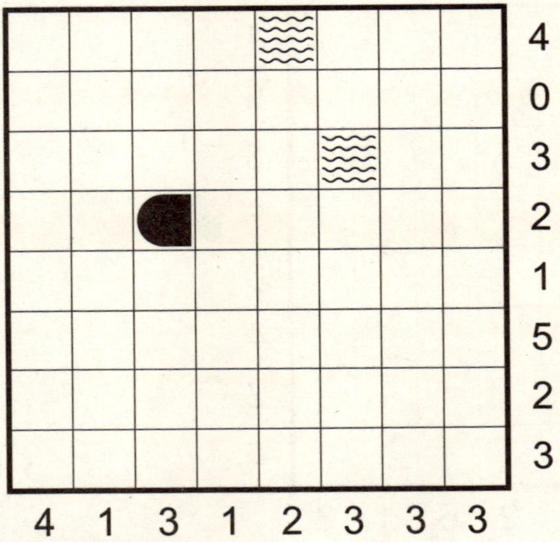
4
0
3
2
1
5
2
3
4 1 3 1 2 3 3 3

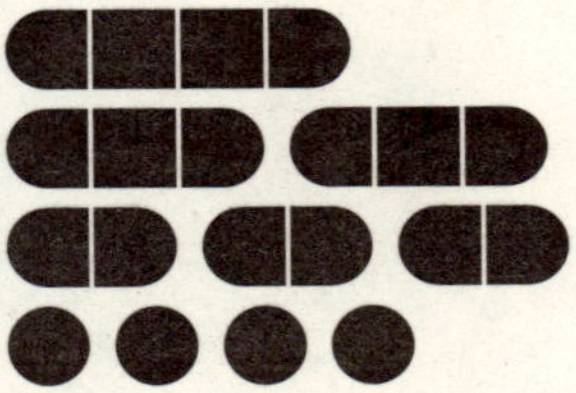

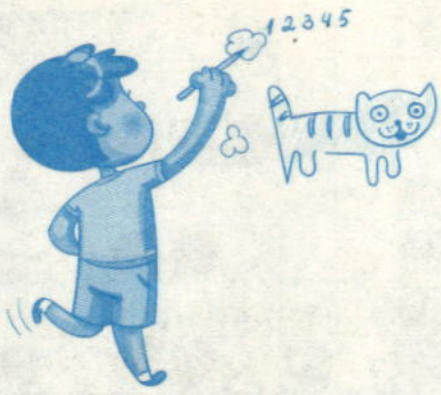
12345

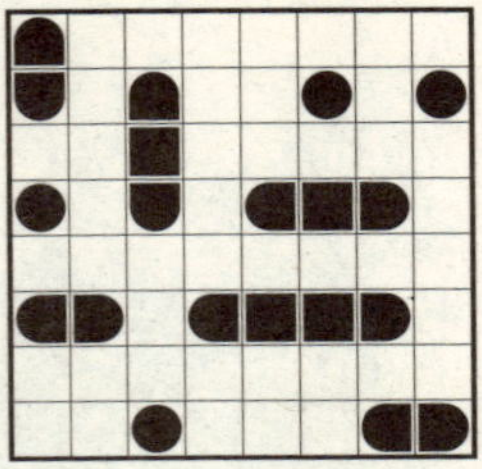

055 答案

058

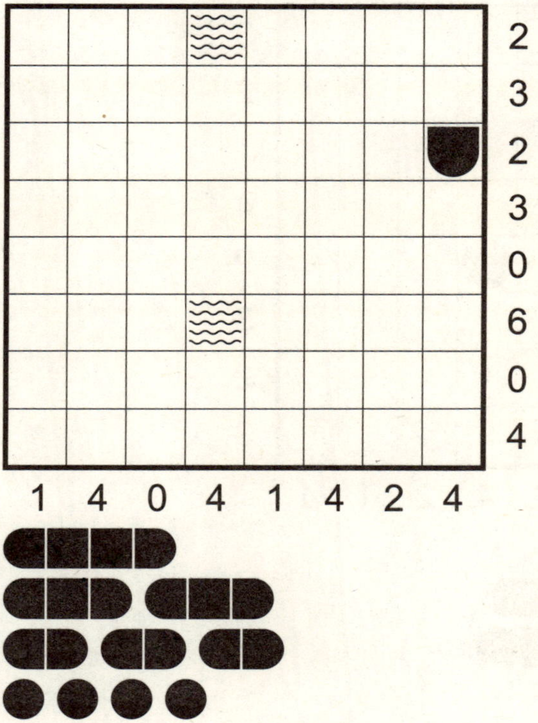

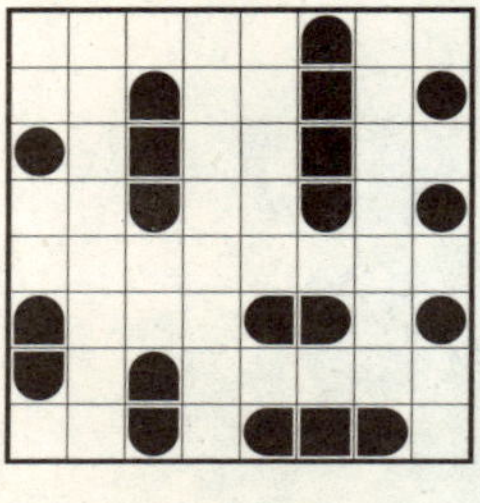

056 答案

059

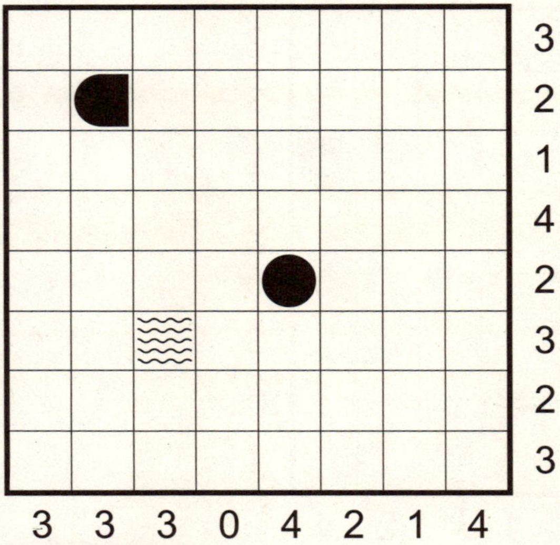

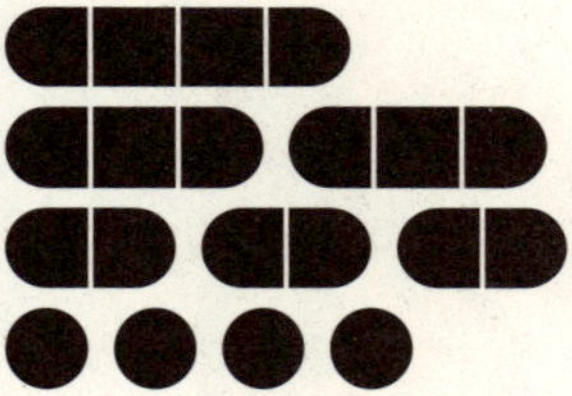

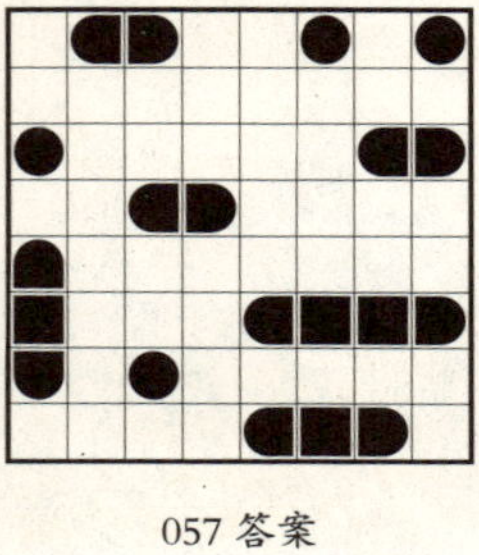

057 答案

060

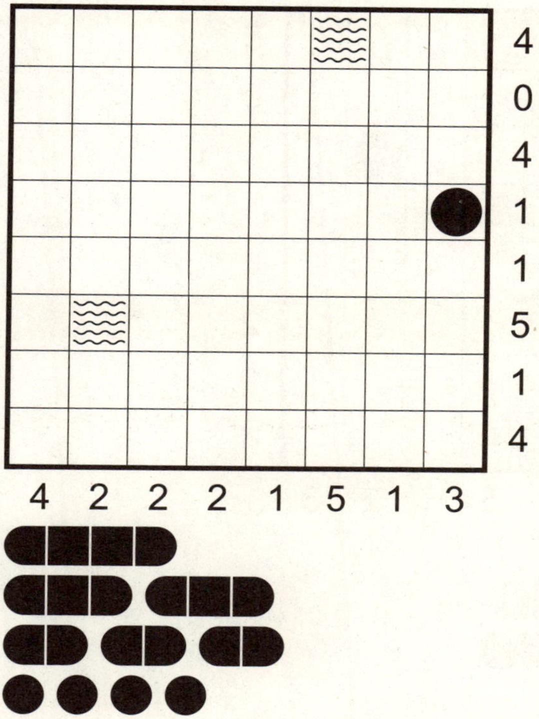

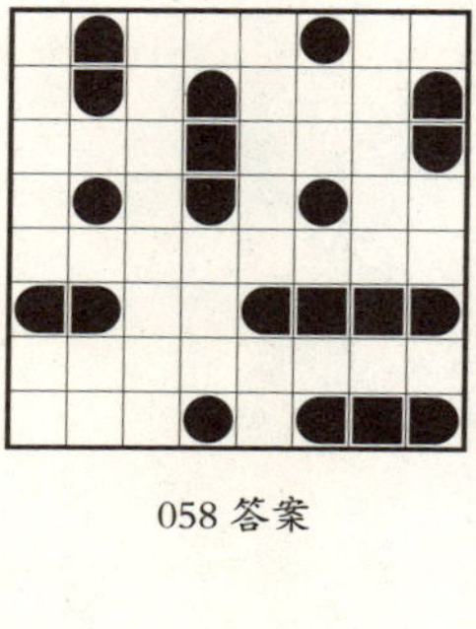

058 答案

061

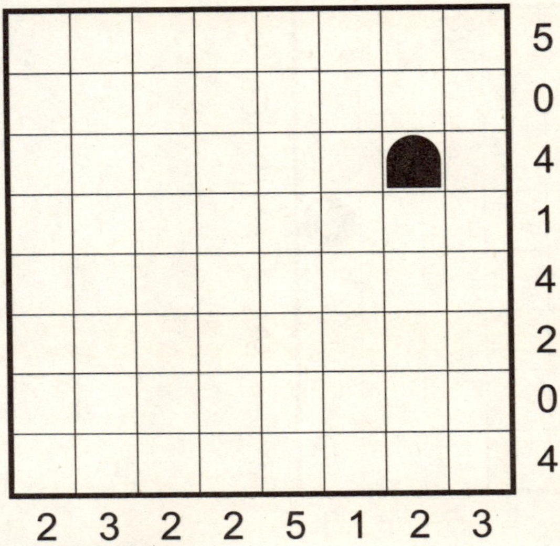
5
0
4
1
4
2
0
4
2 3 2 2 5 1 2 3

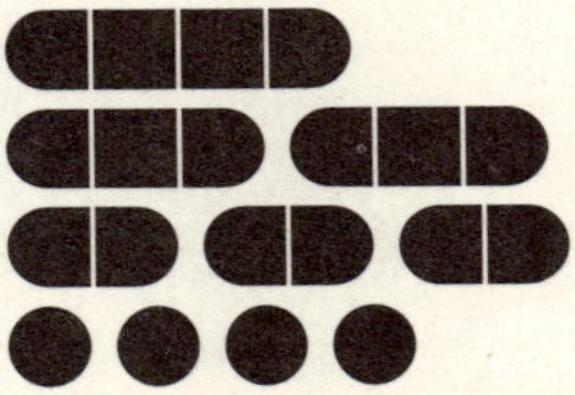

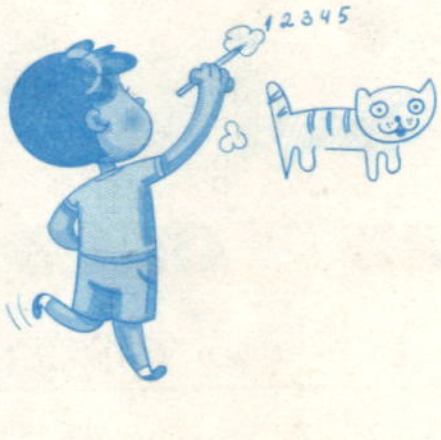
12345

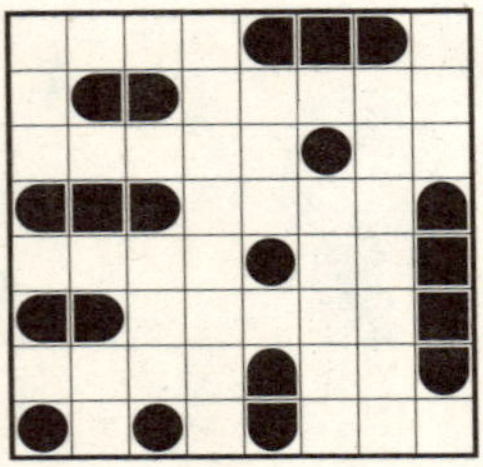

059 答案

062

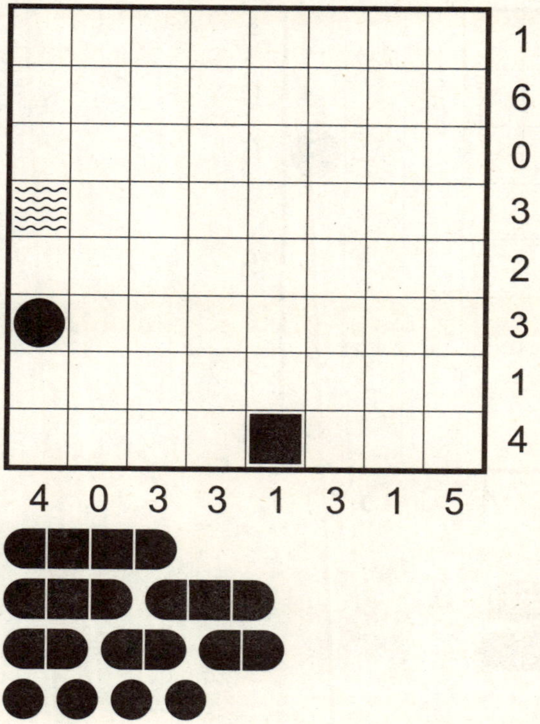

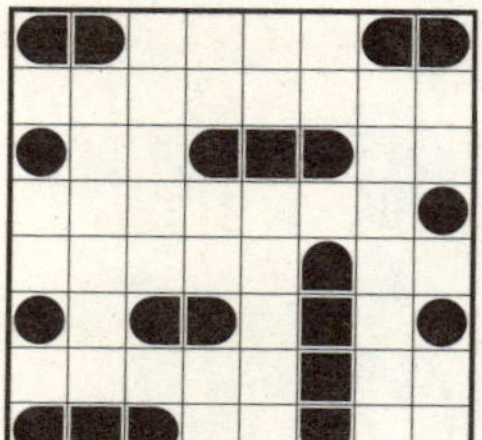

060 答案

063

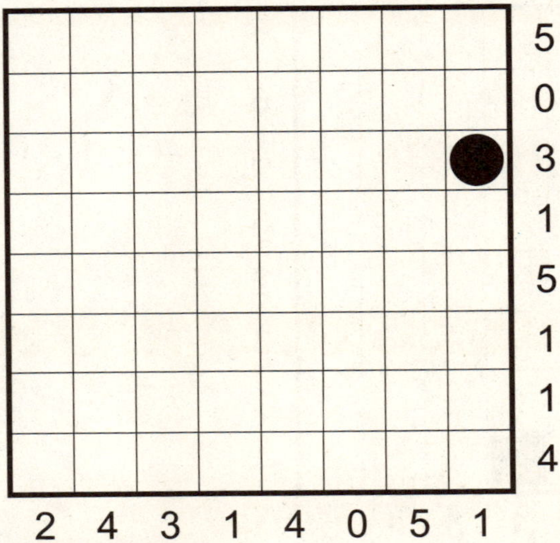
5
0
3
1
5
1
1
4
2 4 3 1 4 0 5 1

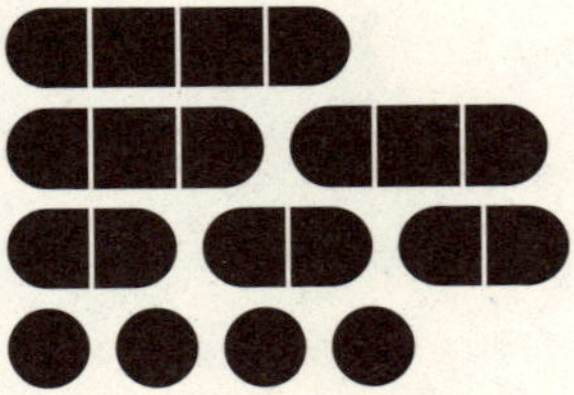

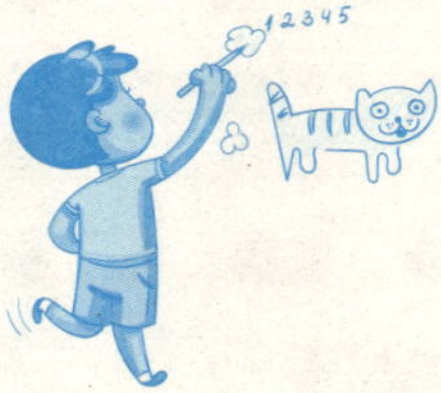
12345

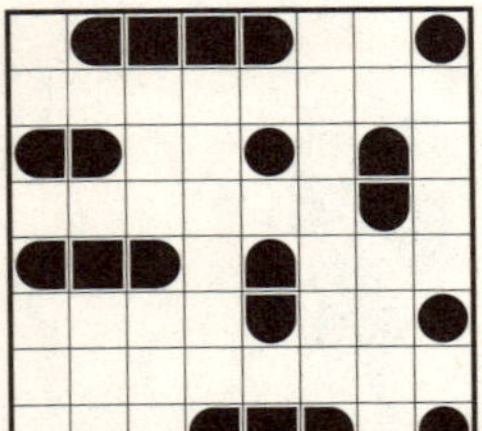

061 答案

064

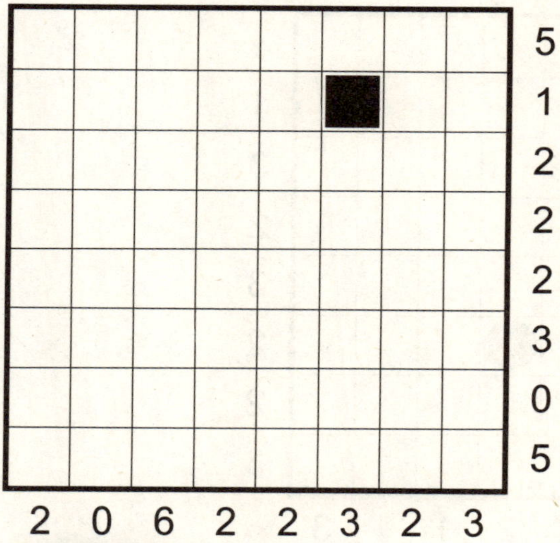
5
1
2
2
2
3
0
5
2 0 6 2 2 3 2 3

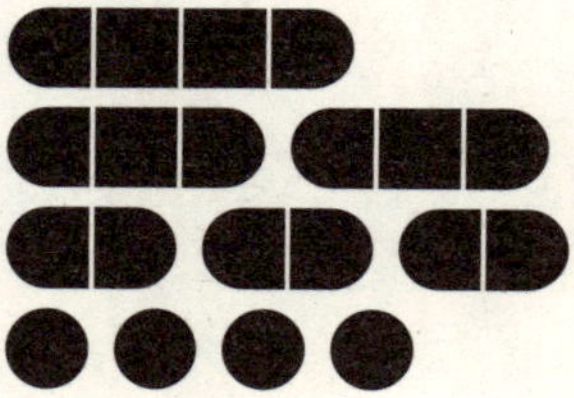

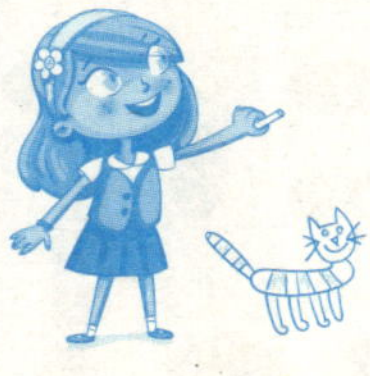

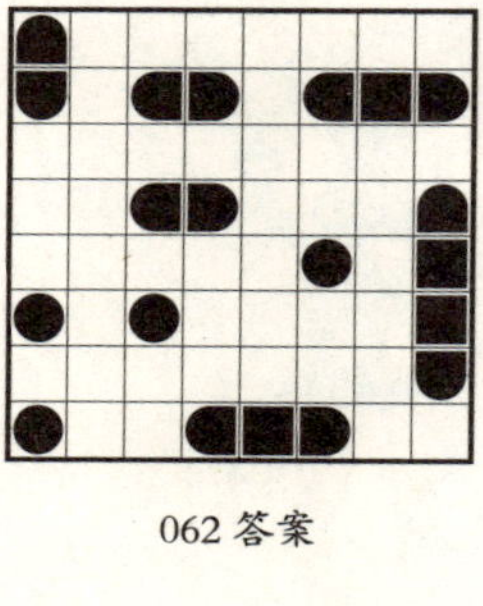

062 答案

065

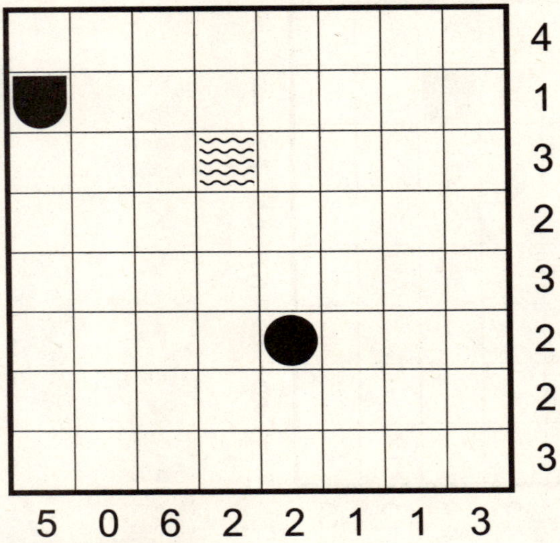
4
1
3
2
3
2
2
3
5 0 6 2 2 1 1 3

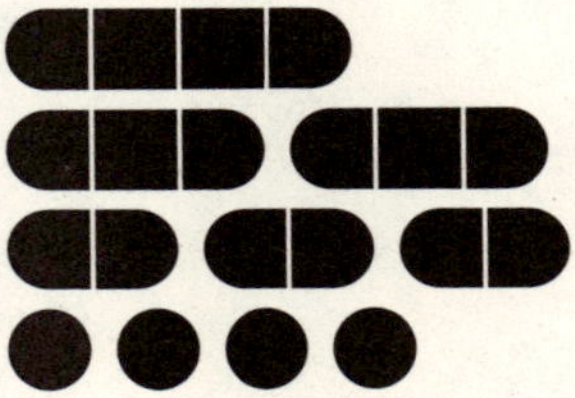

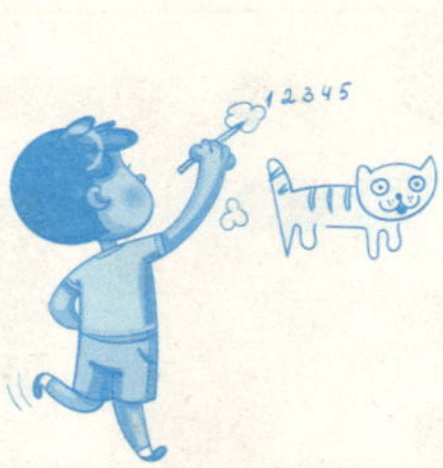
12345

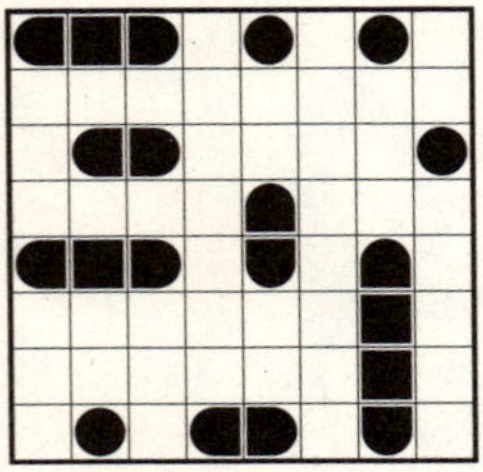

063 答案

一高级练习题及答案一

066

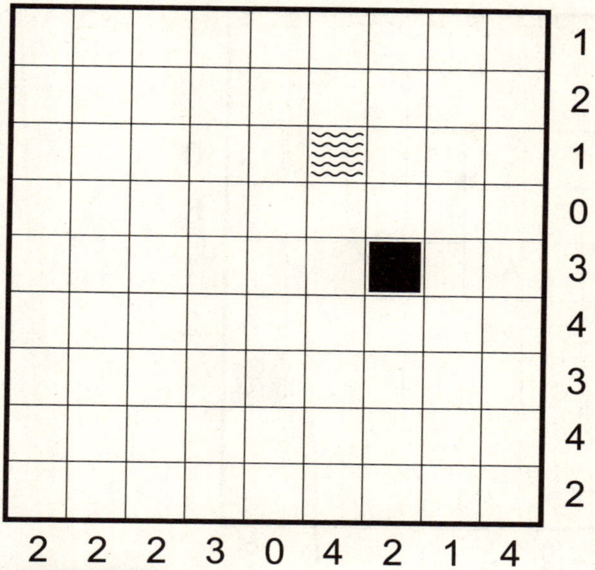

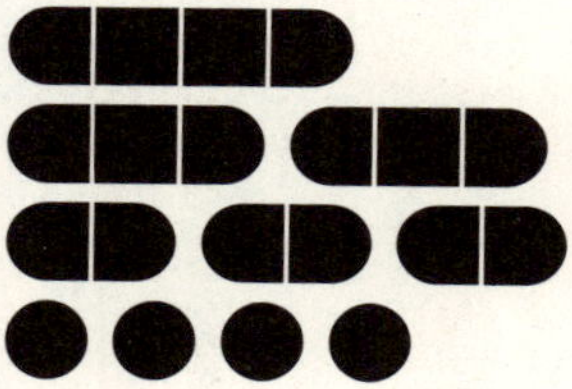

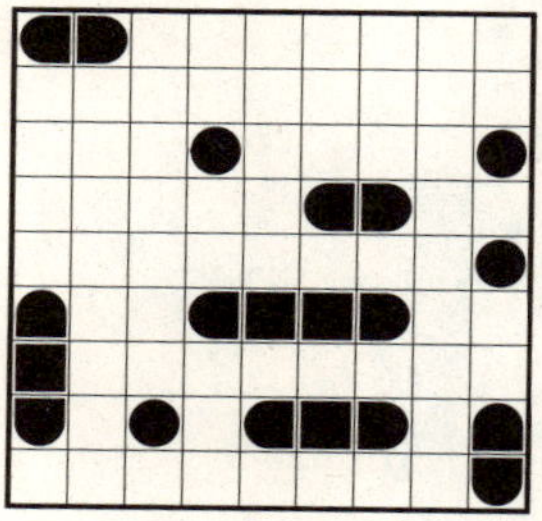

074 答案

067

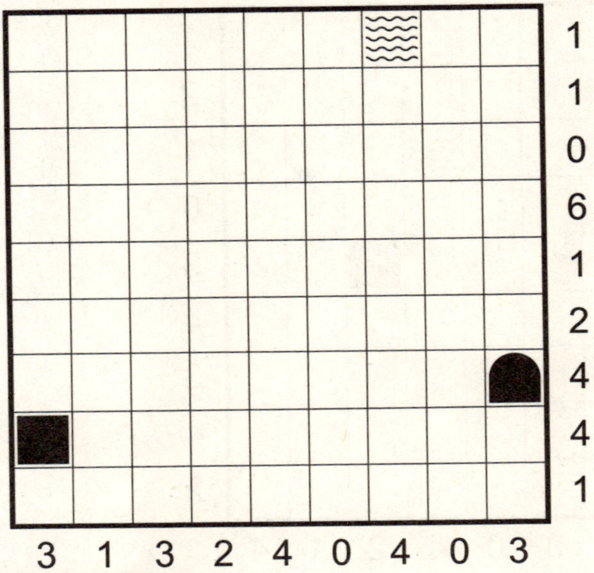
1
1
0
6
1
2
4
4
1
3 1 3 2 4 0 4 0 3

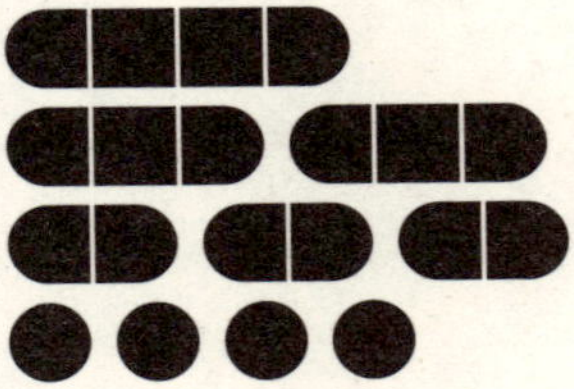

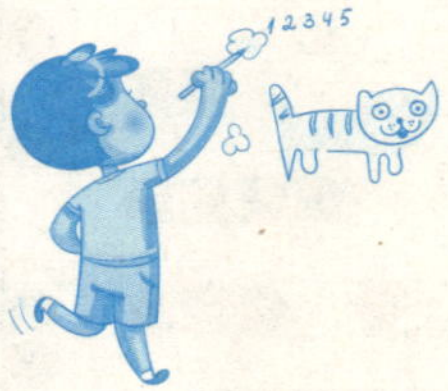
12345

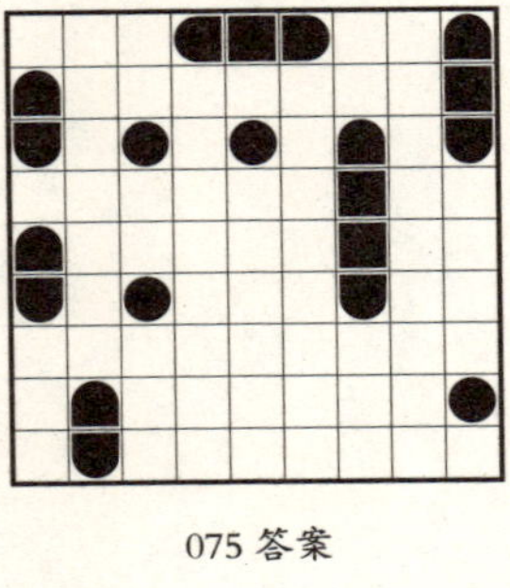

075 答案

068

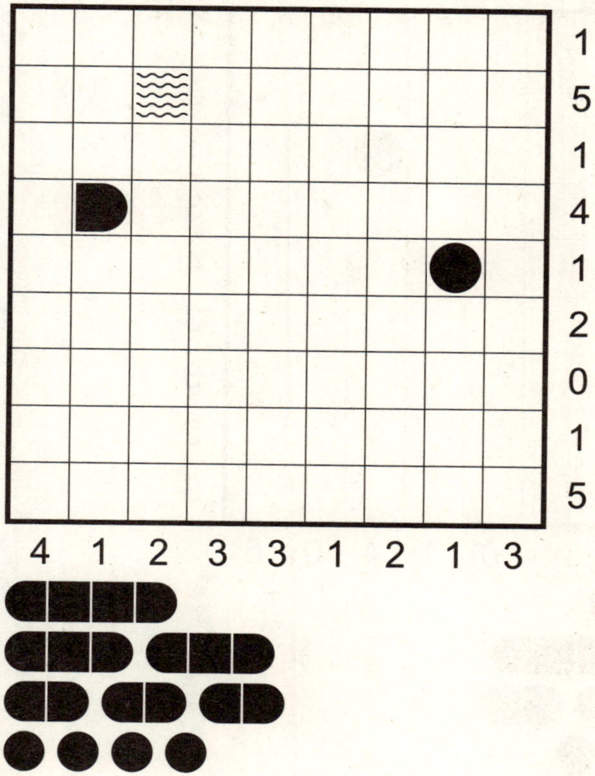

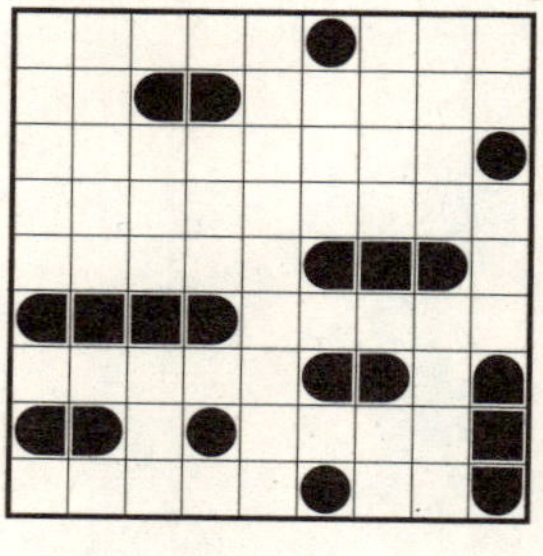

066 答案

069

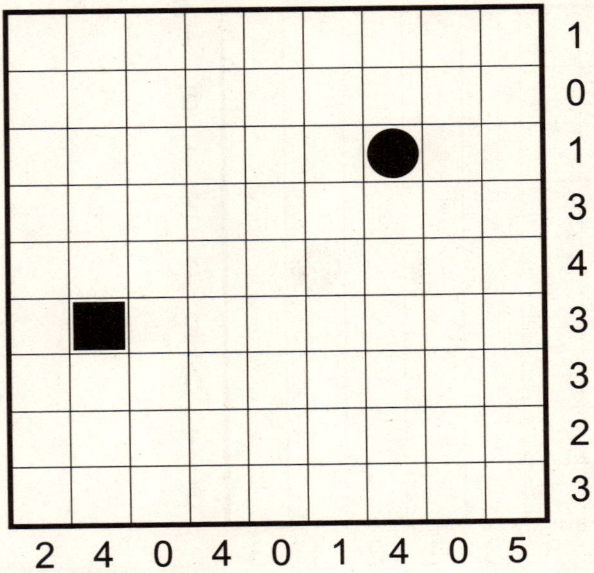
1
0
1
3
4
3
3
2
3
2 4 0 4 0 1 4 0 5

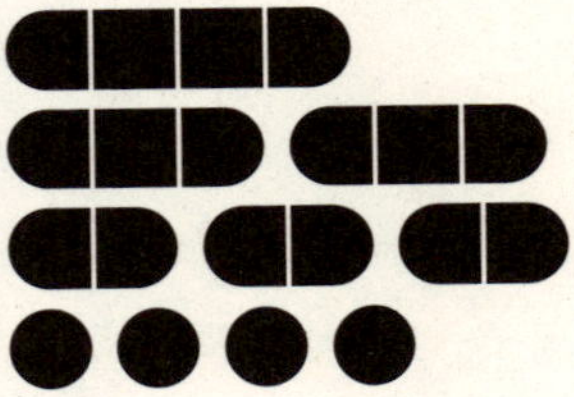

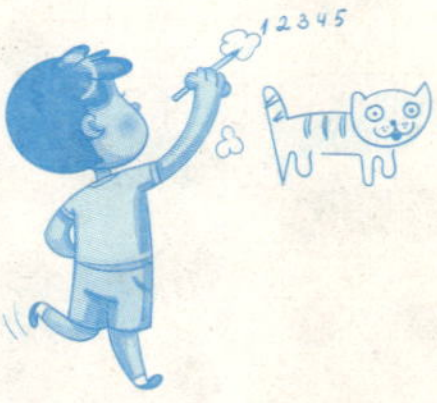
12345

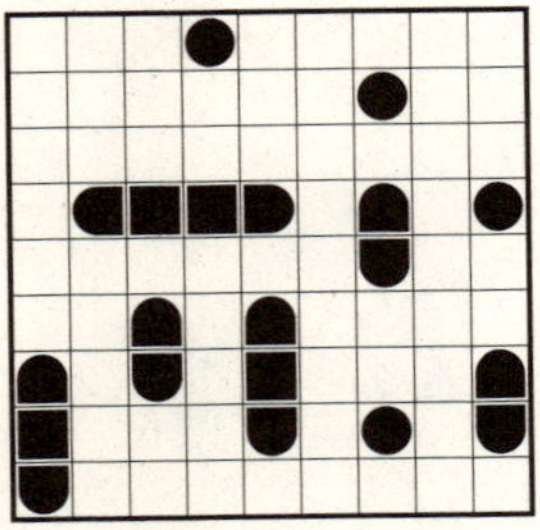

067 答案

070

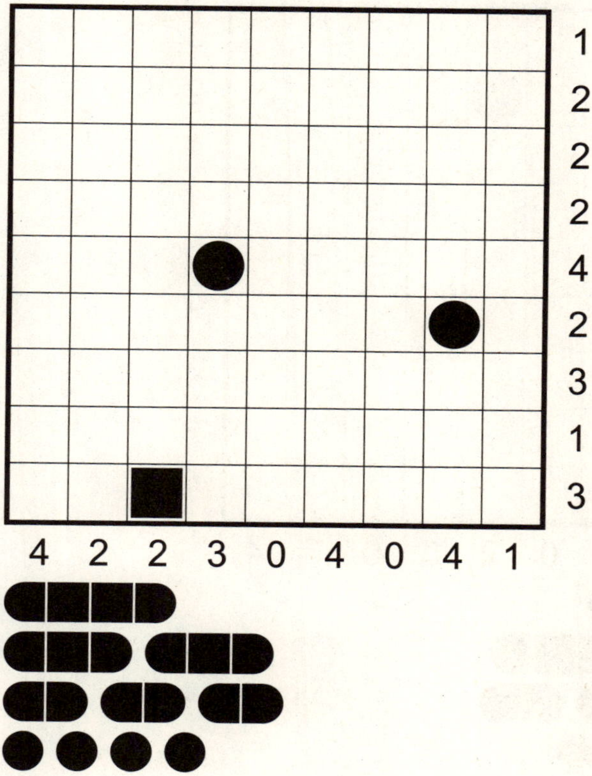

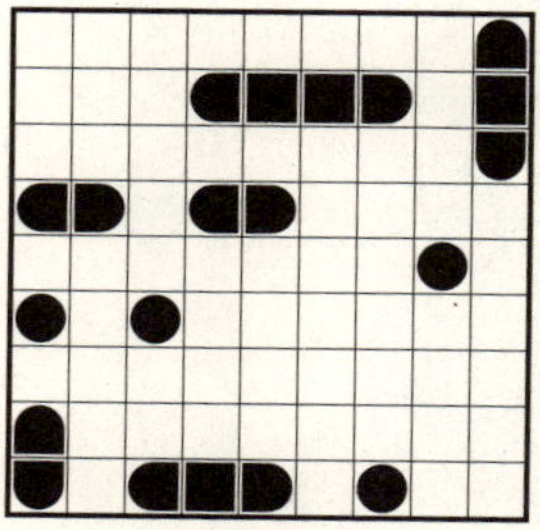

068 答案

071

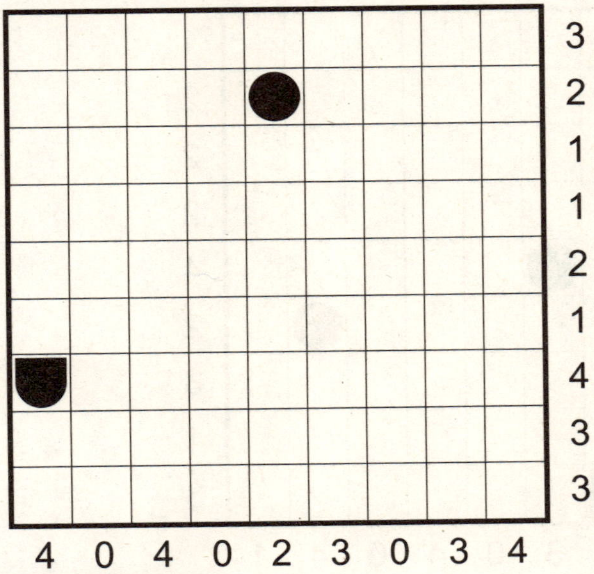
3
2
1
1
2
1
4
3
3
4 0 4 0 2 3 0 3 4

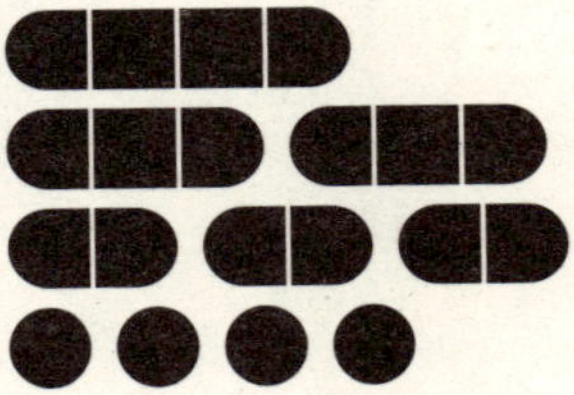

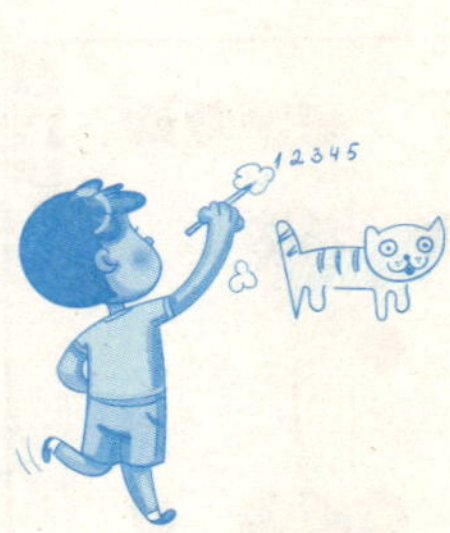
12345

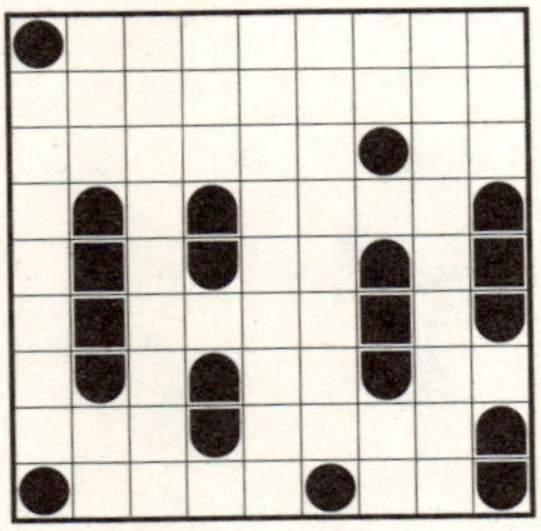

069 答案

072

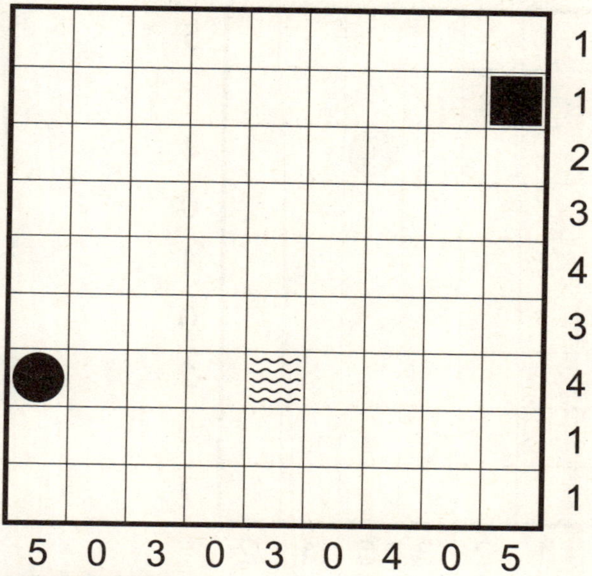
1
1
2
3
4
3
4
1
1
5 0 3 0 3 0 4 0 5

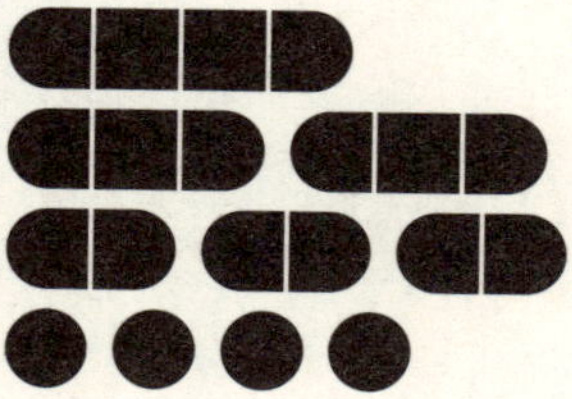

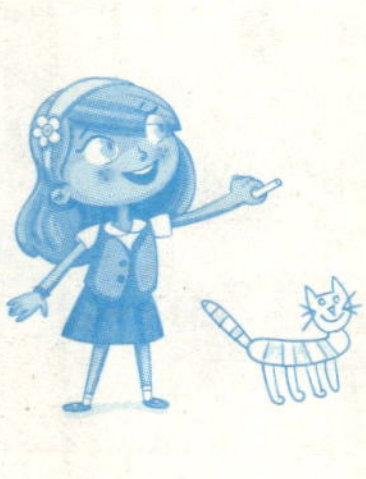

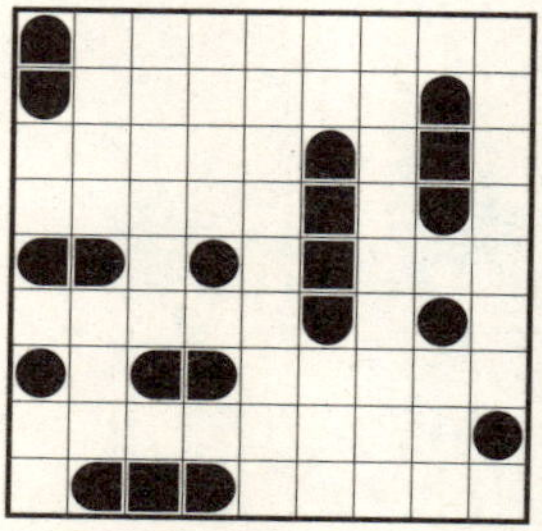

070 答案

073

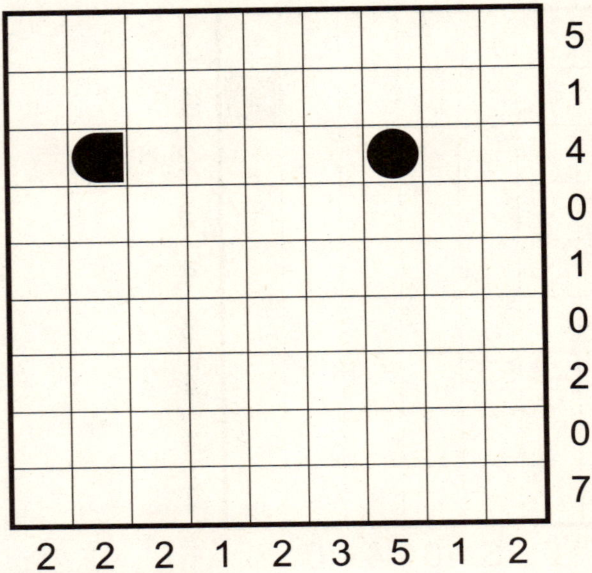

5
1
4
0
1
0
2
0
7
2 2 2 1 2 3 5 1 2

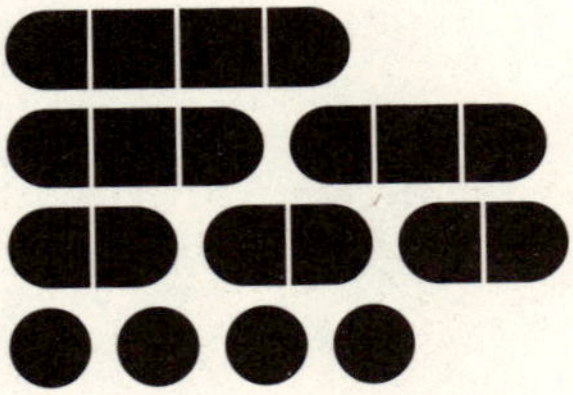

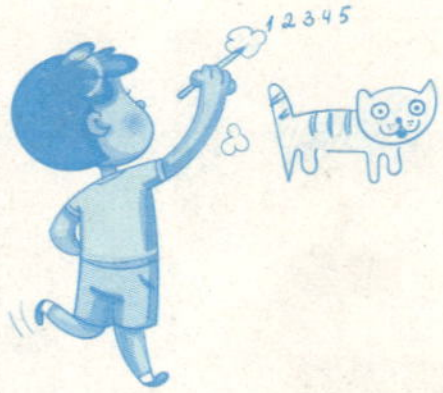

12345

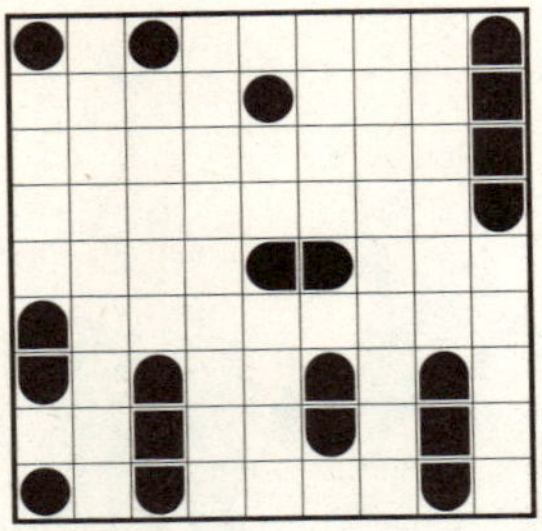

071 答案

074

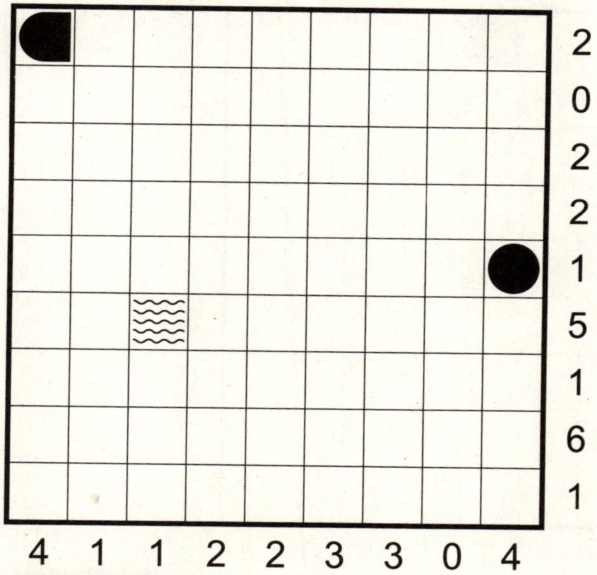
2
0
2
2
1
5
1
6
1
4 1 1 2 2 3 3 0 4

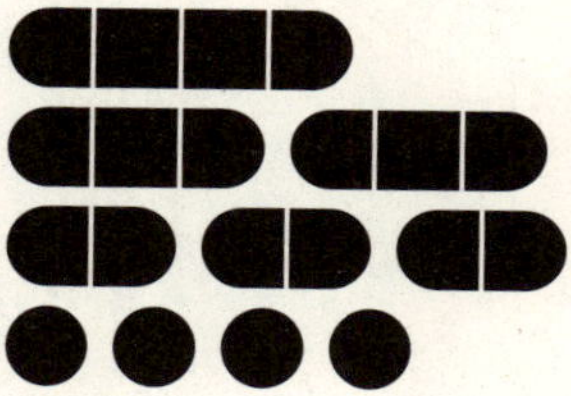

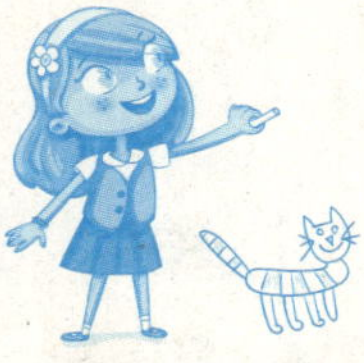

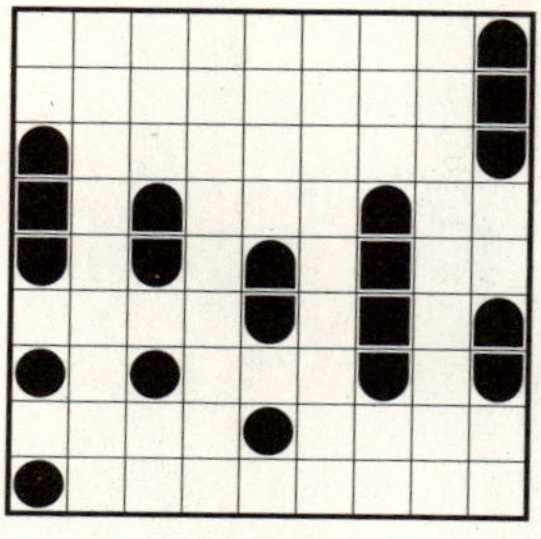

072 答案

075

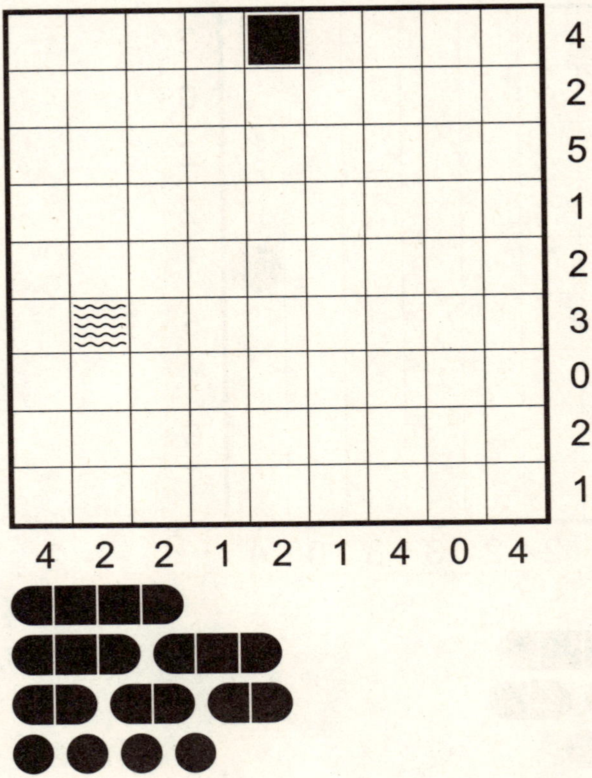
4
2
5
1
2
3
0
2
1
4 2 2 1 2 1 4 0 4

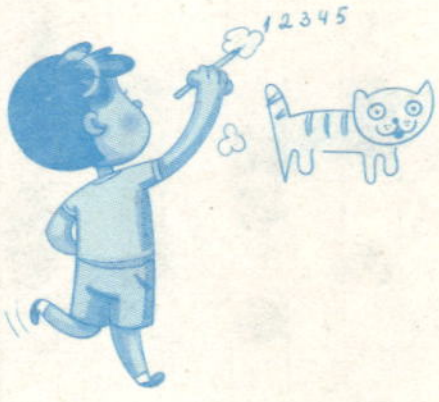
12345

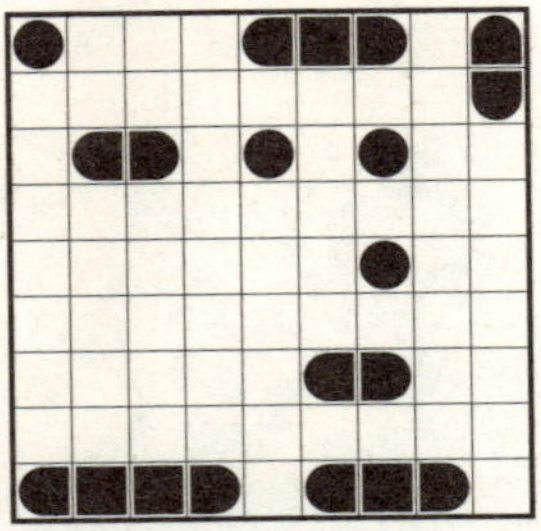

073 答案

076

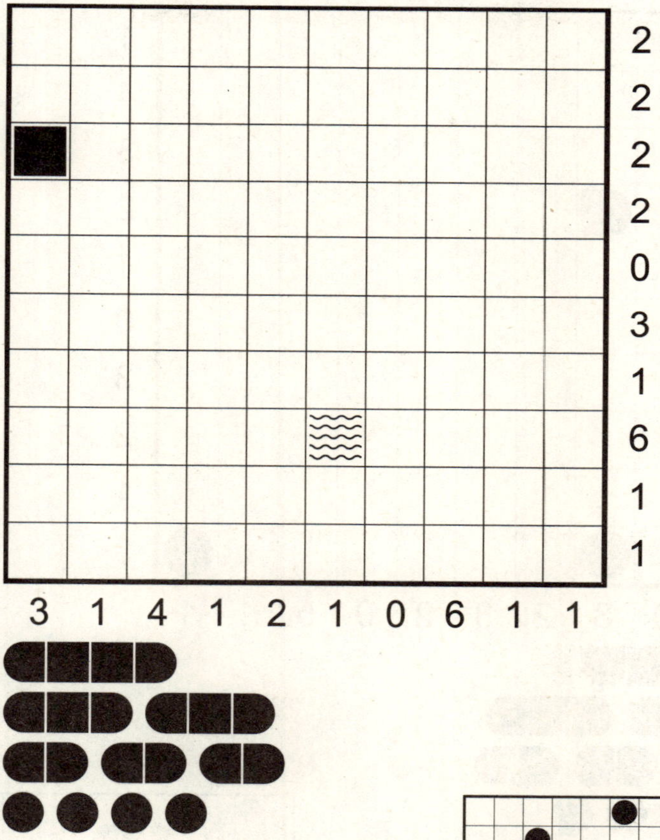
2
2
2
2
0
3
1
6
1
1
3 1 4 1 2 1 0 6 1 1

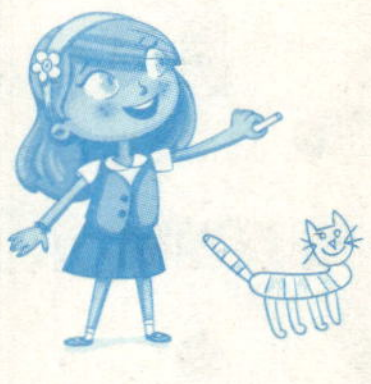

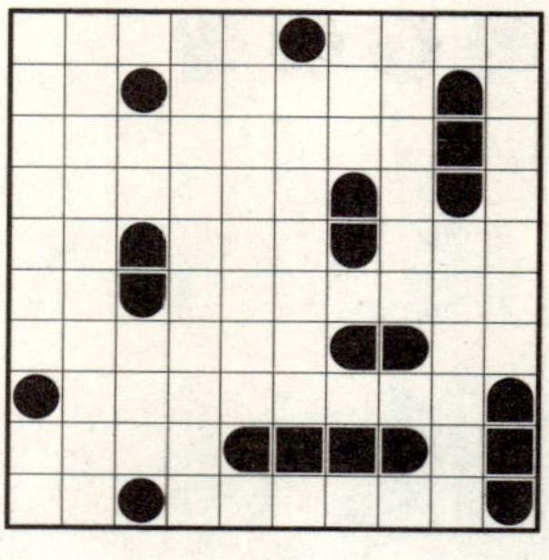

079 答案

077

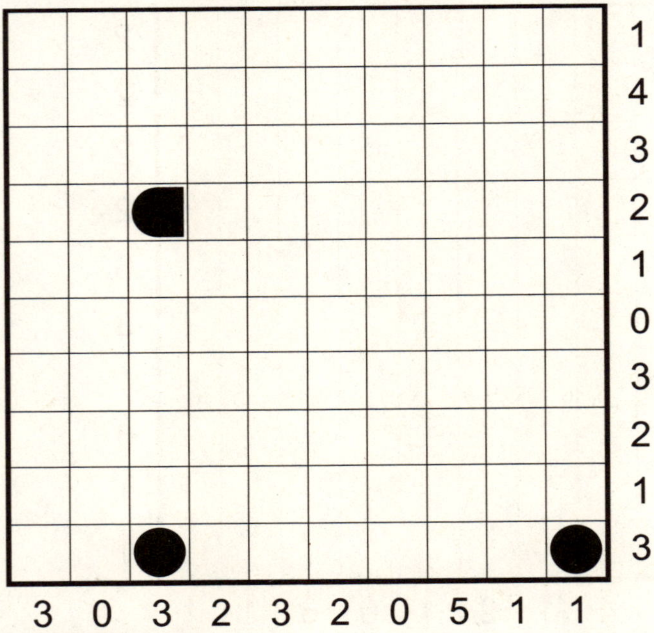
1
4
3
2
1
0
3
2
1
3
3 0 3 2 3 2 0 5 1 1

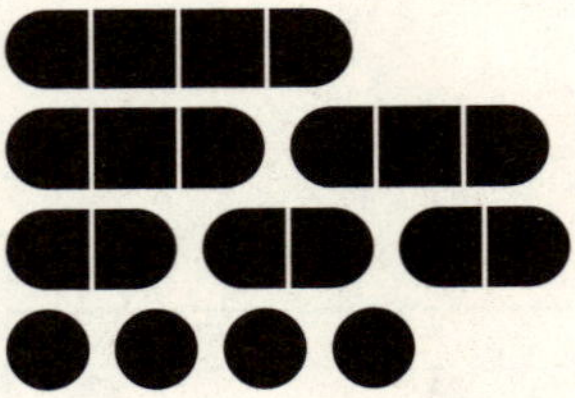

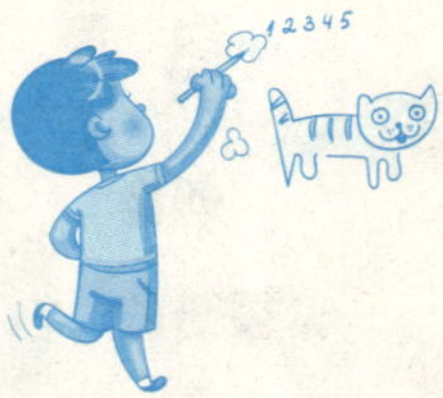
12345

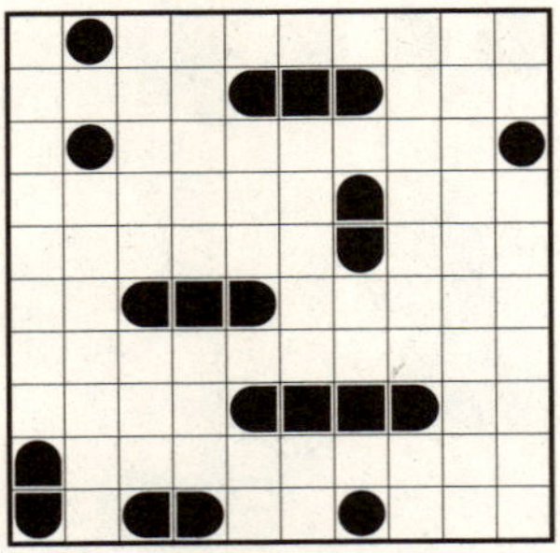

080 答案

078

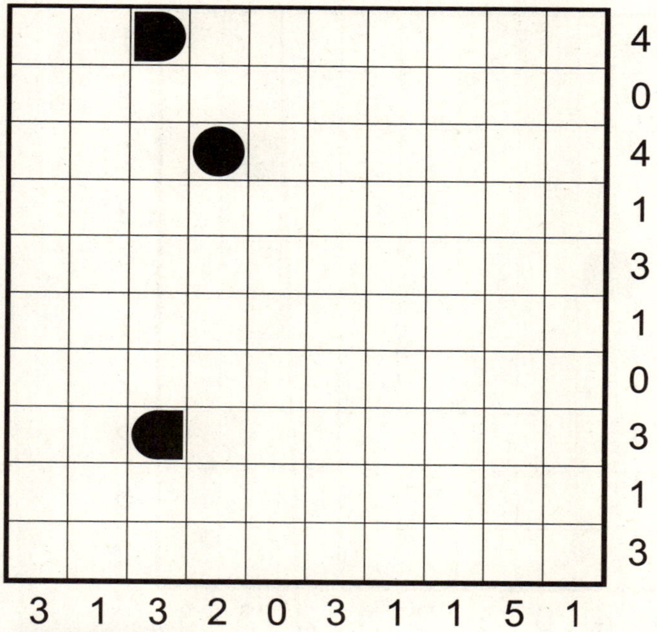
4
0
4
1
3
1
0
3
1
3
3 1 3 2 0 3 1 1 5 1

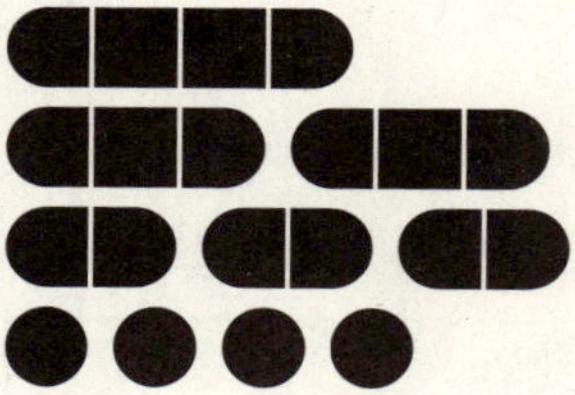

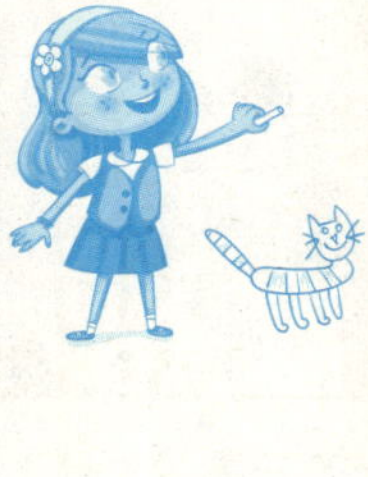

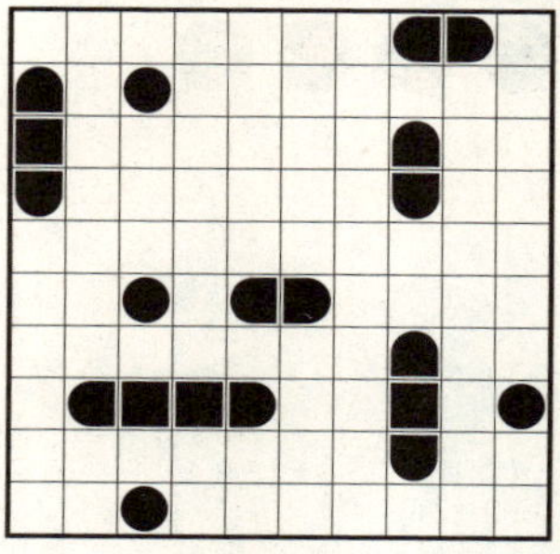

076 答案

079

1
2
1
2
2
1
2
2
5
2

1 0 4 0 1 2 4 2 3 3

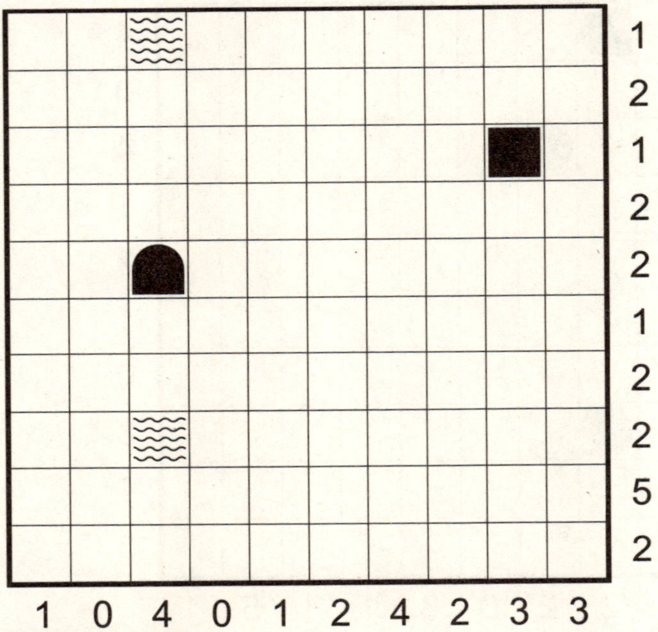

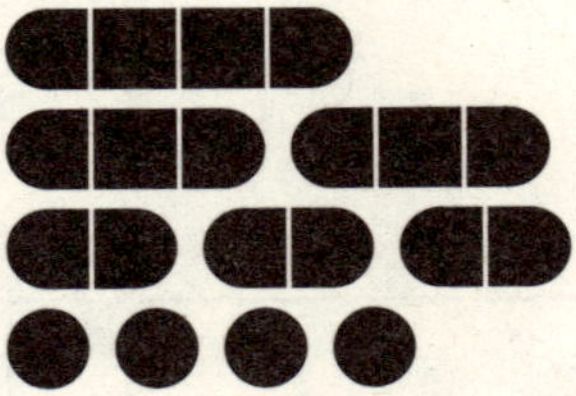

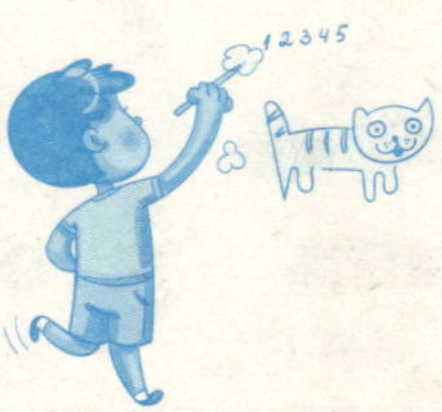

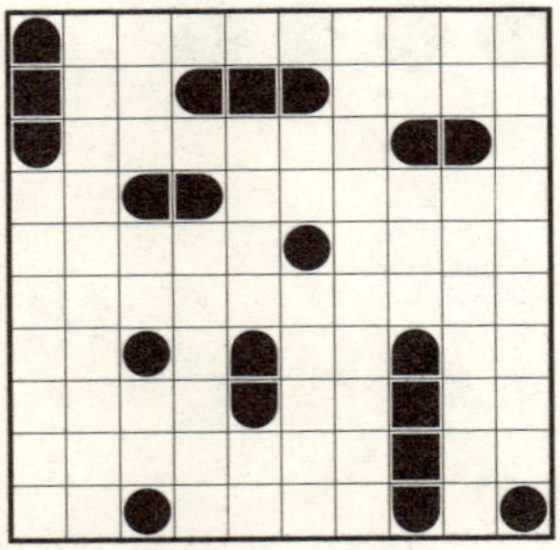

077 答案

080

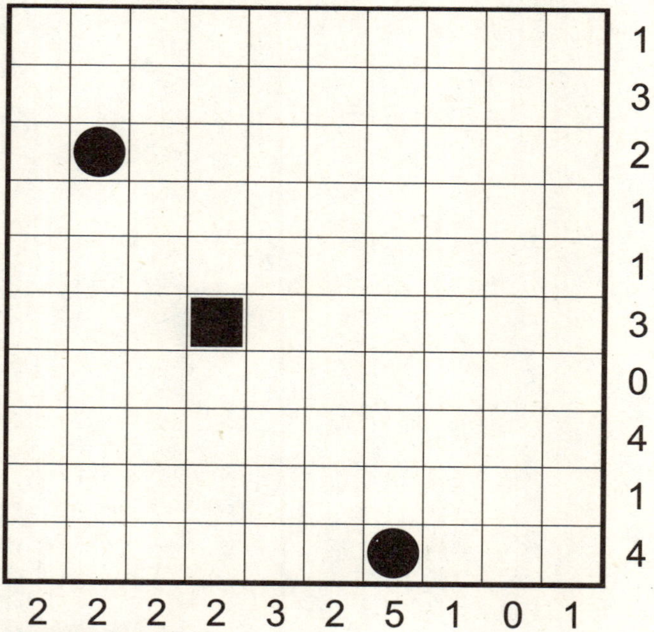
1
3
2
1
1
3
0
4
1
4
2 2 2 2 3 2 5 1 0 1

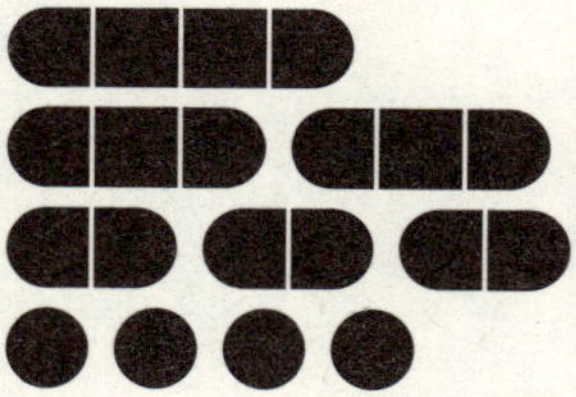

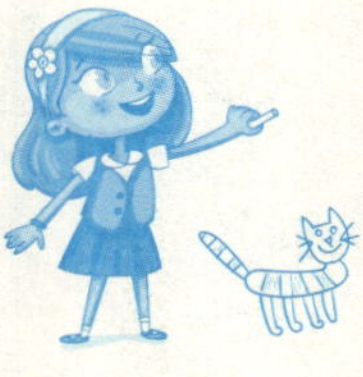

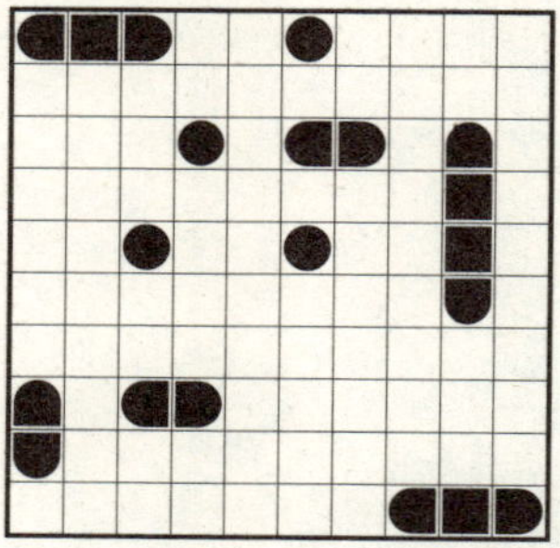

078 答案

第三章

井格练习题及答案

井格规则

井格由网格组成，在空白的网格中填入 X 和 O。游戏的目的是将空格填满 X 或 O，使得每行和每列不能多于两个连续的 X 或 O，每行和每列的 X 数量与 O 数量相同，并且所有填满 X 与 O 的行和列都不相同。

	O				O
X			O		
					O
					O
X			X		
			X		

001

O	X	X	O	O	X
X	O	O	X	O	X
X	O	X	O	X	O
O	X	O	X	O	X
X	O	O	X	X	O
O	X	X	O	X	O

009 答案

	O	O			
					X
O	O			X	
		O			
X				X	

002

O	X	O	X	O	X
X	O	X	O	X	O
X	O	X	O	O	X
O	X	O	X	X	O
X	X	O	O	X	O
O	O	X	X	O	X

010 答案

			×	×	
○					
○			×	○	
				×	×

003

×	○	×	○	×	○
×	○	×	○	○	×
○	×	○	×	×	○
○	×	×	○	×	○
×	○	○	×	○	×
○	×	○	×	○	×

001 答案

		○			
		○	○		
×			○		×
					×
	○				

004

×	○	○	×	×	○
○	×	×	○	○	×
×	×	○	×	○	○
○	○	×	○	×	×
○	×	○	×	○	×
×	○	×	○	×	○

002 答案

×		×			
		×			○
○					
		○			
				○	
×					×

005

×	○	○	×	×	○
×	○	×	○	○	×
○	×	×	○	×	○
○	×	○	×	○	×
×	○	×	×	○	○
○	×	○	○	×	×

003 答案

					O
O					O
	X		X		
		O		X	
O					
		O			

006

O	X	O	X	X	O
O	O	X	X	O	X
X	X	O	O	X	O
X	O	X	O	O	X
O	X	O	X	O	X
X	O	X	O	X	O

004 答案

			○		
×					○
		○			
○					○
				×	
×	×				

007

×	○	×	○	×	○
○	×	×	○	×	○
○	×	○	×	○	×
×	○	○	×	×	○
○	×	×	○	○	×
×	○	○	×	○	×

005 答案

X		O			X
				O	
O		X			
			O		
X					

008

X	O	X	O	X	O
O	X	X	O	X	O
O	X	O	X	O	X
X	O	O	X	X	O
O	X	X	O	O	X
X	O	O	X	O	X

006 答案

	X		O		X
					X
		O		O	
		O			
O					

009

O	X	X	O	O	X
X	O	X	O	X	O
X	O	O	X	O	X
O	X	O	X	X	O
O	O	X	O	X	X
X	X	O	X	O	O

007 答案

O			X		
	O				
X			O		
					O
O	O		X		

010

X	O	O	X	O	X
O	X	O	X	O	X
O	X	X	O	X	O
X	O	X	O	O	X
O	X	O	X	X	O
X	O	X	O	X	O

008 答案